Perfect Cream
&
Dessert

맛있는 요리를 만드는 레시피가 있는 것처럼 웃음, 힐링, 성장을 만드는 레시피도 있을까요?
레시피팩토리는 모호함으로 가득한 이 세상에서 당신의 작은 행복을 위한 간결한 레시피가 되겠습니다.

퍼펙트 크림 & 디저트

크림을 이해하는 순간,
당신의 디저트가 달라집니다

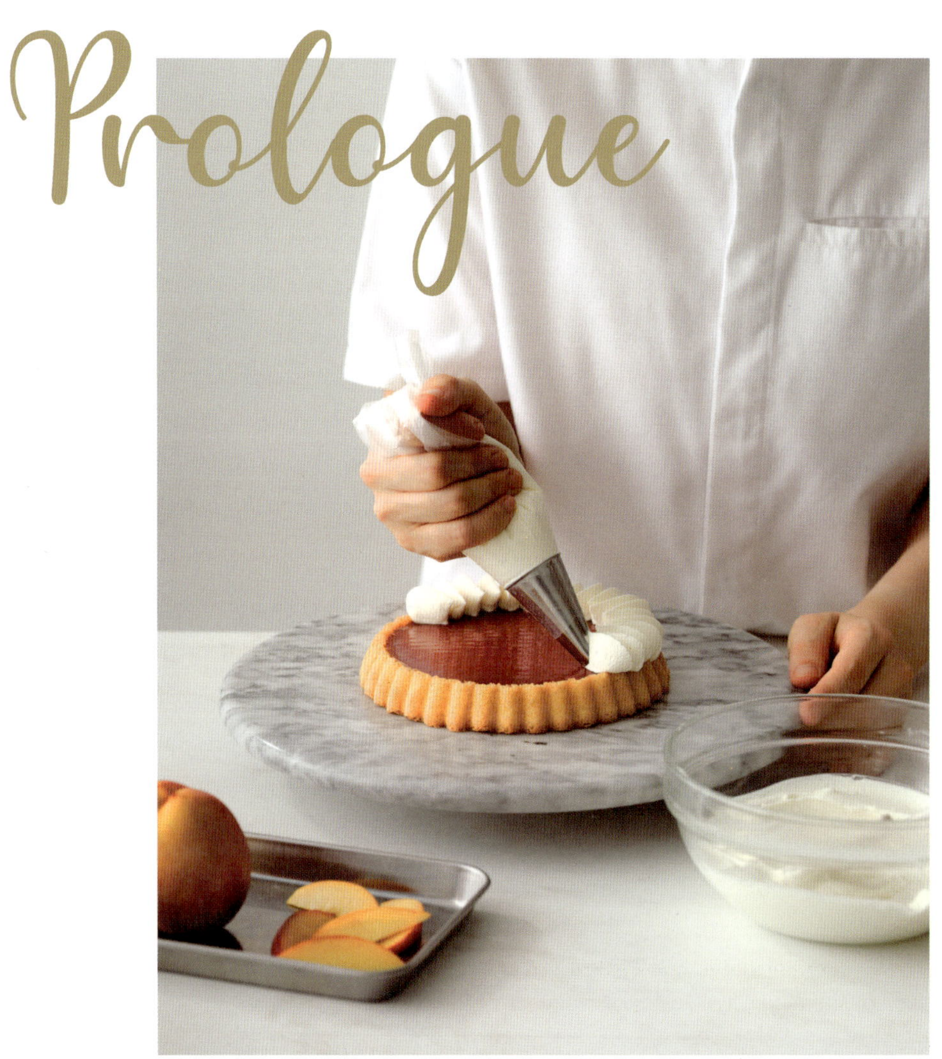

Prologue

우리가 디저트를 먹을 때, 본능적으로 나의 취향에 맞는지를 판단하게 되는 기준은 무엇일까요?
저는 그 답이 대부분 처음 한 입에서 느껴지는 크림의 풍미와 텍스처에 있다고 생각합니다.
한번은 여러 브랜드의 쇼트 케이크를 블라인드 테스트로 맛보며 당도의 차이, 국산 생크림과
수입 유크림의 배합 여부, 브랜드별 유제품의 성향을 한순간에 경험한 적이 있었습니다.
그 과정에서 자연스럽게 깨달았습니다. 케이크의 취향은 결국 크림의 취향이라는 사실을요.

적절한 당도와 풍미를 지닌 크림은 단순한 부재료가 아닙니다. 크림은 케이크를 구성하는
여러 레이어 사이에서 맛과 맛을 부드럽게 연결하는 역할을 하며, 전체 인상을 결정짓는
핵심 요소입니다. 같은 시트와 같은 충전물을 사용해도, 어떤 크림을 선택하느냐에 따라
디저트의 성격은 완전히 달라지지요.

게다가 최근 다양한 유제품이 꾸준히 수입되면서, 크림 역시 브랜드마다 분명한 맛과 질감의
차이를 지니게 되었습니다. 이 변화는 디저트를 만드는 사람에게 새로운 과제를 안겨주는 동시에,
더 넓은 가능성을 열어주고 있습니다. 만들고자 하는 디저트의 방향에 맞는 크림을 선택하는
일은 이제 선택이 아닌 중요한 설계의 과정이 되었습니다. 식문화가 빠르게 변화하면서 우리는
빵과 버터, 치즈를 일상적으로 즐기고, 디저트는 물론 크림이 더해진 다양한 음료까지 경험하고
있습니다. 이제 더 이상 기존에 알고 있던 크림 레시피만으로는 충분하지 않습니다. 크림에 대한
이해의 폭을 넓혀야만 나만의 맛의 세계도 함께 확장될 수 있습니다.

크림을 제대로 알면 맛의 가능성을 그려볼 수 있고, 각자의 제품에 더욱 유연하게 응용할 수
있겠지요. 물론 정보는 이미 충분하지만 너무 많은 정보 속에서 무엇부터 시도해야 할지 한 번씩
막막해지는 분들, 이 책은 그런 분들을 위해서 써 내려갔습니다.

재료의 특성을 차분히 이해하고, 실제 메뉴에 어떻게 적용할 수 있는지를 함께 고민하는 책으로서
복잡한 이론보다 현장에서 바로 활용할 수 있는 크림의 기준과 해석을 담고자 했습니다.
이 책과 함께 크림에 쉽게 다가가는 시간을 가지며, 나만의 '퍼펙트 크림'을 완성해 보시길
바랍니다. 그 과정이 여러분의 디저트에 새로운 경쟁력이 되어줄 것이라 믿습니다.

2026년 2월, 셰프 박예나

Contents

퍼펙트 크림의 모든 것

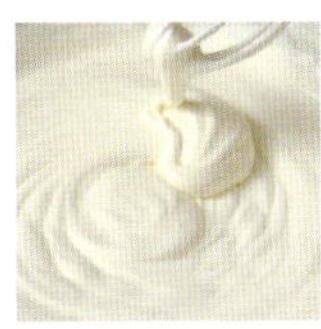

Part 1
크렘 샹티이
Crème Chantilly

Part 2
크렘 파티시에르 & 콤비네이션
Crème Pâtissière & Combination

Part 3
버터 크림
Butter Cream

Part 4
가나슈 몽테
Ganache Montée

크렘 샹티이·크렘 파티시에르를 활용한
퍼펙트 크림 디저트

버터 크림·가나슈 몽테를 활용한
퍼펙트 크림 디저트

All about Perfect Cream

퍼펙트 크림의 모든 것

디저트에서 크림은 맛과 질감, 완성도를 좌우하는 핵심 요소입니다.
재료의 비율이나 사용법에 따라 완성된 크림의 상태는 전혀 달라질 수 있고,
그 차이는 디저트 전체의 인상을 결정합니다.
디저트를 만들 때 가장 기본이 되고, 자주 사용하는 4가지 크림을 중심으로
다양한 종류로 변주하는 방법, 맛과 향을 내는 재료를 더해 활용하는 방법을 소개합니다.

✳ 크림의 완성 분량

각각의 크림에 제시된 분량은 한 번에 만들기 적절한 최소한의 분량입니다.
• 분량을 줄일 경우, 휘핑이 어려울 수 있으니 참고하세요.
• 분량을 늘리고자 한다면, 비율대로 늘리되 상태를 확인하며 만드세요.

퍼펙트 크림 알아보기

크림이란?

크림은 우유, 달걀, 버터, 초콜릿과 같은 기본 재료를 가열하거나 섞어 질감과 구조를 만든 것으로
디저트에 맛을 더하는 요소인 동시에 완성도를 결정짓는다.
재료와 공정이 단순한 만큼, 작은 차이가 그대로 결과에 반영되며
같은 레시피라도 재료의 질, 비율, 작업 환경에 따라 농도와 질감이 크게 달라진다.

크림에 대해 알아야 하는 이유는 여기에 있다.
크림의 성질을 이해하면 실패의 원인을 추측할 수 있고,
이는 레시피를 그대로 따라 만드는 단계를 넘어, 상황과 용도에 맞는 크림을 선택할 수 있게 한다.

다양한 맛의 크림은 디저트에 어떤 영향을 줄까?

크림을 다양한 맛으로 응용하는 방법을 알면 레시피의 활용 범위가 크게 넓어진다.
기본 크림 하나만 제대로 만들어두면 과일, 초콜릿, 견과 등을 더해
완전히 다른 느낌의 디저트를 만들 수 있다.
새로운 레시피를 계속 개발하지 않아도 메뉴의 무한한 변주가 가능하며,
재료를 효율적으로 사용하는 데에도 도움이 된다.
크림의 성질을 이해한 상태에서 재료를 섞으면 완성도 역시 안정적으로 유지할 수 있다.

퍼펙트 크림을 위한 3가지 포인트

좋은 재료

크림은 종류에 따라 사용하는 재료가 다르지만, 공통점은 하나다.
바로 각 크림의 핵심 재료의 질이 결과를 좌우한다는 것.
크림은 어떻게 가공해도 재료 본연의 맛을 숨기기 어렵기 때문에
재료 선택이 곧 완성도의 출발점이 된다.

정확한 비율

크림은 대부분 섞어서 공기를 포집하거나, 데우고 유화시키는 과정을 거쳐 만들어진다.
이때 비율이 조금만 어긋나도 쉽게 분리되고 맛의 밸런스가 깨진다.
정확한 비율과 계량은 크림의 농도와 맛, 질감을 일정하게 유지하는 가장 기본적인 조건이다.

온도와 타이밍

크림은 어떤 종류를 만드는지에 따라 작업 환경과 재료의 적정 온도가 다르다.
작업 공간, 재료의 온도가 적합하지 않거나 크림을 완성시키는 완벽한 타이밍을 지나치면
크림이 분리되어 질감이 나빠지거나 의도한 맛을 내지 못할 수 있다.
각 크림에 알맞은 온도 조건, 정확한 타이밍을 지키는 것이 크림을 안정적인 맛과 질감으로
완성하는 핵심이다.

크림, 더 퍼펙트하게 활용하는 방법

1 늘 만들던 식상한 디저트 변신시키기
쇼트케이크, 파운드케이크, 마카롱, 샌드쿠키처럼 늘 만들던 심플한 디저트.
이 책 속 퍼펙트 크림 레시피와 함께라면 얼마든지 새로운 맛으로 재탄생할 수 있다.

2 퍼펙트 크림을 활용한 디저트 20가지와 84가지 응용법 즐기기
책에서 소개한 퍼펙트 크림을 활용한 20가지 디저트 레시피. 그뿐만 아니라,
디저트 속 크림을 다른 크림으로 베리에이션하는 아이디어도 함께 소개했다.

3 퍼펙트 크림을 일상에서 다채롭게 활용하기
노릇하게 구운 브리오슈나 담백한 크래커 등에 얹기, 음료에 올리기, 아이스크림에
곁들이기 등 다양한 방식으로 일상에서 퍼펙트 크림을 활용할 수 있다.

이 책에 소개한 4가지 기본 크림 이해하기

크림의 성격을 정확히 이해하면 레시피를 어떻게 구성하고, 작업할지 선택하는 과정이 훨씬 명확해진다.
이 책에서는 현대 디저트에서 가장 많이 활용하는 4가지 크림을 중심으로 기본부터 응용까지 모두 소개했다.

크렘 샹티이(16쪽)

- 차가운 생크림에 설탕을 넣어 부드럽게 휘핑한 크림.
  쇼트케이크의 하얀 생크림을 생각하면 된다.
- 제과에서 가장 기본적으로 쓰이는 크림 중 하나로,
  마치 공기처럼 가볍고 섬세한 질감이 특징이다.

✻ 이 책에서는 다양한 맛과 향, 질감으로 활용하기 위해
  아래와 같은 방법을 제안한다.
  ① 크림치즈, 마스카포네치즈, 그릭요거트 등
     다른 유제품 더하기(22쪽)
  ② 꿀, 머스코바도 등 다른 단맛 재료 더하기(28쪽)
  ③ 과일 퓌레로 콩피추르 만들어 더하기(30쪽)
  ④ 견과류 · 밤 페이스트 더하기(34쪽)
  ⑤ 말차, 콩가루, 쑥가루 등 가루 재료 더하기(36쪽)
  ⑥ 머랭 더하기(38쪽)

크렘 파티시에르(40쪽)

- '파티시에의 크림'이라는 뜻으로, 우유에 달걀노른자, 설탕,
  밀가루(또는 전분)를 넣어 가열해 농도를 낸 크림이다.
  '커스터드 크림'이라 부르기도 한다.

✻ 크렘 파티시에르에 다른 재료를 더해
  아래와 같이 다양하게 활용할 수 있다.
  ① 크렘 디플로매트(46쪽)
  ② 초콜릿 크렘 파티시에르(48쪽)
  ③ 캐러멜 크렘 파티시에르(49쪽)
  ④ 크렘 무슬린(50쪽)

버터 크림(54쪽)

• 버터를 기본으로 설탕이나 시럽, 기타 재료를
  섞어 크림화한 것이다.

✱ 이 책에서는 다음과 같은 종류의 버터 크림을 소개한다.
　① 이탈리안 버터 크림(56쪽)
　② 스위스 버터 크림(58쪽)
　③ 프렌치 버터 크림(59쪽)
　④ 저먼 버터 크림(60쪽)
　⑤ 아메리칸 버터 크림(61쪽)
　⑥ 러시안 버터 크림(62쪽)

가나슈몽테(64쪽)

• 초콜릿과 생크림으로 만든 가나슈를 충분히
  냉장 숙성한 뒤 휘핑한 크림이다.

✱ 이 책에서는 다양한 맛과 향으로 활용하기 위해
  아래와 같은 방법을 제안한다.
　① 바닐라빈, 찻잎 등 다양한 재료의 맛과 향을
　　 우려내는 방법(68쪽)
　② 과일 퓌레로 맛과 향을 너하는 방법(69쪽)

Part 1

Crème Chantilly

크렘 샹티이

크렘 샹티이(영어로는 '휩드 크림 Whipped Cream')란
생크림에 설탕을 더해 휘핑하여 공기를 넣어 부풀린 가장 기본적인 크림이다.
케이크의 주재료로 오랫동안 사랑받아온, 우리에게 가장 친근한 종류의 크림으로,
재료의 조합은 단순하지만 온도에 예민하고 쉽게 분리되는 특성이 있다.
따라서 작업에 주의를 기울여야 하며, 당도의 미세한 차이, 휘핑하는 정도, 생크림의 종류에 따라
크렘 샹티이의 맛과 질감은 크게 달라진다.

크렘 샹티이의 주재료 : 생크림

크렘 샹티이는 생크림이 지닌 공기 포집 능력을 바탕으로 완성되는
크림이다. 생크림의 구조와 여기에 작용하는 설탕의 역할을 이해하면
크렘 샹티이의 질감과 안정성을 정확히 파악할 수 있다.

크렘 샹티이의 주역, 생크림의 공기 포집력

- 크렘 샹티이는 생크림이 가진 공기 포집 능력을 이용해
  만들어지는 가장 단순하면서도 정교한 크림이다.
  생크림을 휘핑하면 크림 속으로 공기가 유입되고, 이 공기는
  빠져나가지 않고 크림 내부에 안정적으로 머물게 된다.

- 이 과정의 핵심은 '지방구'에 있다. 생크림 속 지방은 미세한
  구 형태로 분산돼 있는데, 휘핑이 시작되면 이 지방구들이
  공기 방울의 표면에 달라붙어 얇은 막을 형성하고, 공기를 감싸는
  구조를 만든다. 이 구조가 반복적으로 쌓이면서 크림 전체가
  부피를 얻고, 가볍고 부드러운 질감으로 변한다.

- 크렘 샹티이는 공기를 섞는 것이 아니라, 공기를 내부 구조로
  끌어들여 만드는 것이다. 그래서 생크림의 지방 함량이 충분하지
  않거나, 온도가 너무 높아 지방이 지나치게 유연해지면
  이 구조가 안정적으로 형성되지 못해 크림이 흐르거나
  쉽게 꺼진다. 반대로 적절한 온도와 지방 상태에서는 공기가
  단단히 고정되어, 형태를 유지하는 크림이 완성된다.

생크림의 수분을 유지하고 공기 포집을 돕는 재료, 설탕

- 크렘 샹티이에서 설탕은 단맛을 더할 뿐 아니라 공기 포집 구조를
  안정화하는 요소로 작용한다. 설탕이 생크림에 녹으면 크림 속
  수분과 결합해 점도를 미세하게 높이고, 이로 인해 휘핑 중
  포집된 공기가 빠져나가지 않도록 돕는다. 설탕이 없는 생크림은
  공기를 포집할 수는 있지만, 구조가 상대적으로 불안정해 볼륨이
  빨리 꺼지거나 표면이 거칠어지기 쉽다.

- 설탕은 수분을 붙잡는 성질도 가지고 있어, 휘핑 후 크림이 빠르게
  마르거나 수분이 분리되는 현상을 완화한다. 그래서 크렘 샹티이는
  보다 매끈한 질감을 유지하고, 작업 중이나 디저트에 올라간 동안에도
  형태가 비교적 안정적으로 유지된다.

 **퍼펙트 크림 포인트**

적합한 생크림 선택하기
식물성 휘핑크림은 가공 지방과
안정제를 통해 부피를 빠르게 얻도록
설계된 크림으로, 공기와 지방이
만들어내는 자연스러운 구조와
풍미 면에서는 한계가 있다.
진정한 크렘 샹티이의 질감과 맛을
경험하고 싶다면, 식물성 생크림은
사용하지 않는 것을 추천한다.

생크림의 종류

국산 동물성 생크림

- 60~70°C에서 저온 살균된 유크림으로
  유지방 함유량은 38% 전후.
- 고온 살균 방식에 비해 풍미 손실이 적어 우유 고유의
  신선한 향과 고소하고 깨끗한 단맛이 살아 있고,
  입 안에서 가볍고 부드러운 질감을 느낄 수 있다.
- 생크림 케이크, 가벼운 무스 등에 특히 잘 어울린다.

작업 특성

- 휘핑을 시작하면 비교적 빠르게 부풀어오른다.
  중속 이하로 휘핑하며 상태를 체크하는 것이 중요하다.
- 완성된 크림은 가볍고 매끄럽다.
- 장시간 형태 유지력은 다소 약한 편이다.
  안정성을 높이고자 한다면 UHT크림을
  약 30% 섞어 사용한다.

추천 제품

- 덴마크 생크림
- 서울우유 생크림
- 매일우유 생크림

UHT크림

- 135~150°C에서 초고온 Ultra High Temperature
  살균 처리된 제품으로 주로 해외 수입 제품.
- 유지방 함유량은 35% 전후.
- 열 처리로 신선한 우유의 풍미가 다소 약해지면서
  가열된 우유의 맛이 느껴지지만 농도가 진하고
  구조가 단단해 안정적이다.
- 국산 생크림에 익숙한 사람들에게는
  다소 느끼하게 느껴질 수 있으나,
  진한 맛을 살리는 데는 유리하므로 국산 생크림과
  섞어 사용하는 방법도 추천한다.

작업 특성

- 휘핑 시 초반에 거품을 올리는 시간이 오래 걸리는
  편이며, 일정 타이밍을 지나면 갑자기 빠르게
  부풀어 오르는 것이 특징. 그래서 핸드믹서를
  사용할 때 저속, 중속 정도로 휘핑하며
  상태를 계속해서 살피는 것이 좋다. 거품기 자국이
  얇게 생길 정도로 거품이 올라오면 나머지는
  손거품기를 사용하여 휘핑하는 것을 추천한다.
- 휘핑 후 크림의 형태가 비교적 잘 유지되며,
  마롱 스프레드, 피스타치오 페이스트 같은 고형분
  함량이 높은 재료와 섞을 때에도 안정적이다.
- 열 처리 과정에서 변성된 단백질이 지방과 카카오
  고형분 사이를 연결해주기 때문에 유화가
  잘 이루어져 가나슈 몽테(64쪽)에도 사용하기 좋다.

추천 제품

- 엘르앤비르 엑설런스 휘핑크림
- 레스큐어 UHT 휘핑크림 35%

기본 크렘 샹티이 만들기 냉장 보관 2일

재료 생크림 100g, 설탕 9g

1

2

볼에 생크림, 설탕을 넣고
잘 섞은 후 얼음이 담긴 볼을 받친다.
✱ 생크림, 설탕을 넣은 볼을
냉장실에 30분 이상 넣어두고
충분히 차갑게 하는 것도 좋다.
✱ 기호에 따라 그랑 마르니에
(오렌지 향), 쿠앵트로(오렌지 향),
키르쉬(체리 향) 등 메뉴와 어울리는
향의 리큐르를 생크림 양의 1~3% 더해
향기롭게 완성해도 좋다.

원하는 정도의 볼륨, 질감이 될 때까지 핸드믹서 저속, 중속으로 휘핑한다.
✱ 적은 양의 생크림을 휘핑할 경우, 거품기를 사용하는 것도 좋다.

 **퍼펙트 크림 포인트**

사용 후 냉장 보관하기
사용하고 남은 크림은 반드시 0~5℃
온도에서 냉장 보관해 2일 안에
사용한다. 함께 보관하는 재료의
냄새를 잘 흡수하기 때문에 꼼꼼하게
밀폐해야 한다. 질감이 완전히 변하기
때문에 냉동 보관은 추천하지 않는다.

Tip **크렘 샹티이를 과도하게 휘핑했다면**

원하는 정도보다 더 많이 휘핑된
크렘 샹티이는 볼에 랩을 씌워 3시간 이상
냉장실에 넣어두면 기포가 가라앉으면서
바닥에 수분이 고이게 된다. 이것을 다시
휘핑하면 사용이 가능하다. 부분적으로
조금만 과하게 휘핑되었을 경우, 차가운
생크림을 소량 더해서 상태를 잡을 수 있다.

휘핑 정도에 따른 크렘 샹티이의 상태와 활용

크렘 샹티이는 용도와 목적에 따라 휘핑 정도를 달리한다.
① 거품기를 크림에 넣고 휘저었을 때 생기는 거품기 자국, ② 거품기를 크림에 담갔다가 들어올렸을 때
흐르는 정도, ③ 거품기에 크림이 맺히면서 생기는 '뿔'의 모양을 보고 확인한다.

1

거품기에 크림이 맺히지 않고 흐르는 상태

- 일반적으로 50~60%까지 휘핑한 상태라고 표현한다.
- 큰 기포가 생기지 않은 묽은 상태.
  떠올리면 주르륵 흐르며 떨어진 흔적이
  오래 남지 않고 빠르게 사라진다.
- 소스처럼 다른 디저트에 곁들이는 용도로
  사용할 수 있으며, 유연함이 남아 있어
  돔 형태의 케이크를 매끄럽게 코팅할 때
  사용하기도 한다.

2

뿔이 생기기 전의 부드러운 상태

- 일반적으로 70%까지 휘핑한 상태라고 표현한다.
- 여전히 묽은 상태라 거품기에 단단하게 고정되지
  않으며 흘러내리면 흔적이 남는다.
- 젤라틴과 섞을 때 지나치게 묽지 않으면서도
  고르게 섞일 수 있는 상태이기 때문에
  바바루아, 무스를 만들 때 사용하기 적합하다.

퍼펙트 크림 포인트

정가운데부터 휘핑하기
크림을 휘핑할 때 정가운데를 먼저 휘핑해 가장자리는 묽은 상태로 남겨둔다.
작업 도중 시간이 지체되어 크림이 거칠어지면 가장자리의 묽은 크림을 섞어
다시 안정화시킬 수 있다.

3

부드럽게 휘는 뿔이 생기는 상태

- 일반적으로 80%까지 휘핑한 상태라고 표현한다.
- 크림에 거품기 자국이 나기 시작하며,
  거품기를 들어올리면 끝에 크림이 고정되어
  뾰족하게 선 끝이 살짝 구부러지고 윤기 있는 상태이다.
- 짤주머니에 채워 장식하는 경우 가장 이상적이며,
  쇼트케이크의 샌드 크림이나 아이싱 크림으로
  사용한다.

4

뾰족하고 단단한 뿔이 생기는 상태

- 일반적으로 90%까지 휘핑한 상태라고 표현한다.
- 윤기가 사라지고 휘퍼에 덩어리가 뭉치듯 고정되고
  끝이 뾰족하다.
- 롤케이크, 오믈렛에 채우는 필링 크림으로
  단단하게 고정하는 힘이 필요한 경우 사용한다.
  조금만 더 손을 대도 분리되기 쉬우므로
  작업 공간 온도는 낮게, 작업 속도는 빠르게
  하는 것이 좋다.

다양한 맛과 향의 크렘 샹티이 조합

크렘 샹티이는 일반적으로 우유 풍미의 하얀 크림으로만 생각하기 쉽지만, 단맛을 내는 재료, 과일 퓌레, 밀크잼 등
다양한 재료로 맛과 향을 더하면 사용의 폭을 훨씬 넓힐 수 있다. 산이나 수분이 많은 재료와 만나면 분리되거나 응고되는
생크림의 특성에 맞게, 크렘 샹티이에 안정적으로 다양한 맛과 향을 내는 방법을 소개한다.

다른 유제품 더하기

크림치즈, 사워크림, 밀크잼 등 다양한 맛과 향, 농도를 가진 재료를 섞어
색다른 맛의 크렘 샹티이를 만들 수 있다.

- 유크림의 맛이 한층 묵직하고 농후하게 느껴지는 크렘 샹티이.
- 기본 크렘 샹티이보다 형태 유지력이 좋다.
- 맛과 농도가 기본 크렘 샹티이보다 무거워져 단맛이 부족하게 느껴진다면
  기호에 맞게 설탕을 생크림 100g당 10~15g까지 더해도 좋다.
- 기호에 따라 바닐라 익스트랙(1.5~2g)을 넣어 풍미를 살릴 수 있다.
- **만들기** 기본 크렘 샹티이 만들기(19쪽)를 참고하되
  생크림에 마스카포네치즈를 잘 섞어 완전히 푼 후 휘핑한다.

- 약간의 신맛과 짠맛이 더해진 밀도 높은 크렘 샹티이.
- 기본 크렘 샹티이보다 형태 유지력이 좋다.
- 기호에 따라 바닐라 익스트랙(1.5~2g)을 넣어 풍미를 살릴 수 있다.
- 크림치즈를 고를 때는 신맛과 짠맛이 지나치게 강한 제품은 피한다.
  (**추천 제품** 엘르앤비르 크림치즈, 리버티레인 크림치즈, 끼리 크림치즈)
- **만들기** 수분이 적고 단단한 크림치즈의 특성상 액체인 생크림과 잘 섞이지 않으니
  휘핑 전 크림치즈를 부드럽게 풀고 설탕, 생크림과 섞는 과정을 거친다(23쪽).

크림치즈 크렘 샹티이 만들기

1

볼에 크림치즈를 넣고 전자레인지에
20~30초씩 끊어가며 돌려
부드럽게 만든 후 주걱으로
덩어리 없이 푼다.
＊ 더운 여름철에는 전자레인지에
돌리지 않고 실온에 30분 이상
두어도 부드럽게 풀린다.

2

크림치즈에 설탕을 넣고 설탕이 거의 녹을 때까지 잘 섞는다.
＊ 크림치즈를 설탕과 섞으면 작은 덩어리가 잘 풀리면서 훨씬 묽어진다.

3

생크림을 넣고 가볍게 섞은 후 3시간 이상 냉장 보관한다.
재료가 서로 충분히 섞이고 차가워지면 필요한 만큼 휘핑한다.
＊ 이 과정은 작업 안정성을 높이기 위한 것으로, 시간이 충분하지 않다면
볼 아래에 얼음볼을 받치고 그대로 휘핑해도 된다.
＊ 이 크림을 자주 사용할 경우, 생크림을 섞어 냉장해두고
필요할 때마다 휘핑하면 편리하다.

그릭요거트 크렘 샹티이

- 가벼운 신맛이 나 산뜻한 느낌의 크렘 샹티이.
- 설탕 대신 그릭요거트의 자연스러운 산미를 부드럽게 보완해주는
  꿀을 사용한다.
- 그릭요거트는 지나치게 꾸덕한 제품보다는 수분을 적당히 함유하고 있는
  부드럽고 촉촉한 제품을 사용한다(**추천 제품** 매일 바이오 그릭요거트).
- 자몽, 키위, 딸기 등 수분이 풍부한 과일과 함께 활용하기 좋다.
- **만들기** 기본 크렘 샹티이 만들기(19쪽)를 참고한다.

프로마주블랑 크렘 샹티이

- 기본 크렘 샹티이보다 밀도가 높고 진하지만
  마스카포네치즈 크렘 샹티이보다는 가볍고 산뜻한 맛의 크렘 샹티이.
- 복숭아, 블루베리, 샤인머스캣 등 수분이 풍부한 과일과 함께 활용하기 좋다.
- **만들기** 기본 크렘 샹티이 만들기(19쪽)를 참고하되
  생크림에 프로마주블랑을 잘 섞어 완전히 푼 후 휘핑한다.

*Fromage Blanc
프로마주블랑

프랑스에서 널리 쓰이는 생치즈 중 하나로, 숙성하지 않은 우유를
발효·응고시킨 후 유청을 제거해 만든다. 요거트와 크림치즈의
중간 성격을 지닌 재료로 산뜻하고 담백한 맛이 특징이다.
추천 제품 이즈니 생메르 프로마주블랑

사워 크렘 샹티이

- 묵직하고 톡 쏘는 신맛이 나는 크렘 샹티이.
- 수분이 많은 사워크림의 특성상 휘핑 후에도 형태가 단단하게
  유지되지 않는 편이다. 이 점을 개선하려면 생크림에 UHT크림을
  50% 이상 섞어 사용한다.
- 사워크림은 깔끔한 신맛을 지닌 국내산 원유로 만든 제품을 추천한다
  (**추천 제품** 덴마크 사워크림).
- 비율을 조절해 다른 재료와 조합하면 브런치 메뉴에 곁들이기 좋은
  세이버리 크렘 샹티이로 사용할 수 있다(하단 참고).
- **만들기** 기본 크렘 샹티이 만들기(19쪽)를 참고한다.

응용 ①

가벼운 농도의 세이버리 크렘 샹티이

────────────────

생크림 150g + 사워크림 45g + 설탕 15g + 소금 0.3g
+ 통후추 간 것 약간 + 트러플오일 약간

응용 ②

진한 농도에 짭짤한 감칠맛을 더한 세이버리 크렘 샹티이
(**활용 메뉴** 102쪽 요크셔푸딩)

────────────────

크림치즈 32g + 설탕 12g + 사워크림 15g + 생크림 120g
+ 소금 0.4g + 레몬즙 5g

밀크잼 크렘 샹티이

- 진한 우유의 맛을 더한 크렘 샹티이.
- 바닐라빈을 넣은 밀크잼 대신 찻잎을 넣고 끓인
  다양한 밀크잼을 활용할 수 있다(하단 참고).
- **활용** 많이 달지 않아 담백한 디저트에 잘 어울린다(88쪽 엔젤스콘).
- **만들기** 기본 크렘 샹티이 만들기(19쪽)를 참고한다.

응용 ①

얼그레이 밀크잼 크렘 샹티이

1. 우유 150g, 생크림 50g, 얼그레이 찻잎 8g을 끓여
   1시간 향을 우린다.
2. 찻잎을 체에 걸러낸 후 설탕 35g을 넣고 끓여
   얼그레이 밀크잼을 만든다.
밀크잼 크렘 샹티이와 동일한 비율로 섞어 크렘 샹티이를 만든다.

응용 ②

마살라차이 크렘 샹티이
(**활용 메뉴** 94쪽 마살라차이 오렌지 팬케이크)

만들기는 96~97쪽 참고

 밀크잼 만들기 (냉장 보관 15일)

재료 우유 175g, 생크림 50g, 설탕 30g, 바닐라빈 1/4개

1 냄비에 모든 재료를 넣고 약한 불에서 30분간 계속 저어가며 끓인다.

2 냄비 벽면에 주걱으로 긁으면 뭉쳐질 정도의 막이 생기면 불을 끈다.
바닐라빈을 건져낸 후 소독한 용기에 붓고 냉장 보관한다.
✱ 식으면 더 걸쭉해지니 시판 연유보다 약간 묽은 농도에서 가열을 멈춘다.

다른 단맛 재료 더하기

크렘 샹티이에서 당(설탕)은 단맛을 더하고 휘핑 과정에서 더 고르고 안정적인 거품 구조를
형성하도록 돕는 재료이다. 설탕 대신 비슷한 가루 상태의 당, 꿀 등 액체 상태의 당을 더해
맛의 뉘앙스나 당도의 무게감을 바꿀 수 있다.

비정제원당 크렘 샹티이

- 일반 설탕의 직관적인 단맛과 다른 은은한 단맛과 향을 더할 수 있다.
- **만들기** 기본 크렘 샹티이 만들기(19쪽)를 참고하되, 일반 설탕보다 입자가
  굵어 설탕을 모두 녹이면서 휘핑하려면 시간이 오래 걸리므로,
  고속에서 휘핑하기보다는 저속에서 천천히 휘핑한다. 작업 전 미리 생크림과 섞어
  냉장실에 넣어두면 입자에 수분이 스며들어 쉽게 녹일 수 있다.

꿀 크렘 샹티이

- 혀에 닿자마자 단맛이 느껴지는 설탕에 비해 꿀을 넣은 크렘 샹티이는
  생크림의 고소한 맛이 먼저 느껴지고, 단맛은 고소한 맛이 사라질 때쯤
  천천히 나타난다.
- 수분이 풍부한 꿀의 특성상 휘핑 시 공기 주입을 원활하게 하기 위해
  설탕을 함께 사용한다.
- 꿀의 종류에 따라 맛과 향이 달라진다.
- **활용** 은은한 향에 맑은 단맛이 나는 아카시아꿀, 허브 향이 느껴지는
  라벤더꿀은 봄 · 여름 메뉴에, 쌉쌀하고 진한 맛과 향의 밤꿀은
  가을 · 겨울 메뉴에 사용하면 잘 어울린다.
- **만들기** 기본 크렘 샹티이 만들기(19쪽)를 참고한다.

머스코바도 크렘 샹티이

- 캐러멜의 향과 풍미를 은은하게 더한 크렘 샹티이.
- 라이트 머스코바도, 다크 머스코바도 중 어느 것을 선택하는지에 따라 맛과 향이 달라진다.
- 다크 머스코바도보다 더 짙은 맛을 내고 싶다면 당밀(사탕수수를 정제하는 과정에서
  남는 부산물로 깊은 단맛과 쌉쌀한 풍미가 있다.)을 사용해도 좋다.
- **활용** 라이트 머스코바도는 밤, 고구마와, 다크 머스코바도는 초콜릿과 잘 어울리며
  크렘 샹티이에 럼, 꼬냑 등 리큐르를 소량 사용해 향을 낼 때도 머스코바도로
  단맛을 더하면 조화롭다(124쪽 가토 오 마롱).
- **만들기** 기본 크렘 샹티이 만들기(19쪽)를 참고한다.

Tip 한눈에 보는 비정제원당 · 머스코바도 · 황설탕

	비정제원당	머스코바도	황설탕
뜻	사탕수수를 1차 가공해 만든 설탕. 정제를 최소화해 당밀이 소량 남아 있다.	사탕수수를 거의 정제하지 않아 당밀을 많이 함유하고 있는 설탕.	정제된 백설탕에 당밀을 더해 만든 설탕.
맛	캐러멜의 향이 아주 은은하고 일반 설탕보다 깔끔한 단맛.	진한 캐러멜, 토피의 맛과 향, 쌉쌀함.	백설탕보다 깊고 은은한 캐러멜 맛.
색 · 질감	건조한 결정에 황색을 띤다.	살짝 촉촉하고 뭉치기 쉬우며 황색, 연갈색을 띤다.	연갈색을 띠며 건조하고 입자가 고르다.

과일 퓌레로 콩피추르 만들어 더하기

요리나 제과에 사용할 수 있도록 과일을 곱게 갈아 만든 퓌레. 과일 자체의 수분, 산을
그대로 가지고 있어 생크림과 섞을 경우 분리될 수 있기 때문에, 크렘 샹티이를 만들려면
수분을 졸이고 설탕, 펙틴을 더해 안정성을 높여야 한다.

- 맛과 향이 강하고 걸쭉한 농도의 과일 퓌레로 만든 콩피추르를
  크렘 샹티이에 섞어 과일의 맛과 향을 더한다.
- 재료의 비율에 따라 부드러운 맛, 진한 맛으로 응용해 사용할 수 있다(31쪽).
- **만들기** 생크림, 콩피추르, 설탕을 한꺼번에 섞으면 잘 섞이지 않기 때문에
  휘핑 전 아래 순서대로 작업한다.

과일 크렘 샹티이 만들기

1

볼에 콩피추르, 설탕을 넣고
거품기로 잘 섞는다.

2

생크림을 넣고 잘 섞는다. 재료가 서로
충분히 섞이면 필요한 만큼 휘핑한다.

Confiture

✳ 콩피추르

과일과 설탕을 천천히 졸여
과일의 맛과 향을 살린
프랑스식 잼. 만드는 방법은
32쪽을 참고한다.

응용 ①

부드러운 맛의 과일 크렘 샹티이

- 생크림 150g + 과일 콩피추르 50g + 설탕 10g
- 케이크 아이싱, 짤주머니에 넣고
장식에 사용할 수 있는 질감으로 완성된다.

응용 ②

진한 맛의 과일 크렘 샹티이

- 생크림 150g + 과일 콩피추르 75g + 설탕 12g
- 케이크 아이싱에 사용할 수 있다.
묽은 농도로 완성되어 짤주머니에 넣고 장식에 사용하기는 어렵다.

✳ 크림 색감 참고

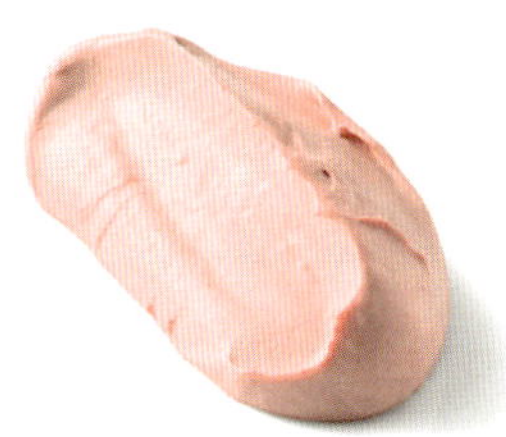

▲ 딸기 크렘 샹티이

▲ 라즈베리 크렘 샹티이

Cassis

✳ 카시스

'블랙커런트'라고도 불리는
진한 보랏빛의 베리류 과일이다.
신맛과 특유의 깊고 진한 향이
있으며, 생과일로 먹기보다는 주로
퓌레, 리큐르 형태로 사용한다.

▲ 망고 크렘 샹티이

▲ 카시스 크렘 샹티이

 콩피추르 만들기 (냉장 보관 15일)

재료 과일 퓌레, 레몬즙, 설탕, NH펙틴

1 볼에 설탕, NH펙틴을 넣고 잘 섞어둔다. 냄비에 과일 퓌레, 레몬즙을 넣고
온도를 40℃까지 올린 후 설탕과 NH펙틴을 넣고 중간 불에서 가열한다.

  ＊ NH펙틴은 수분과 만나면 빠르게 응고되는 성질이 있어 설탕과 섞어 뭉침을 방지한다.

2 전체적으로 부글부글 끓으면 1분 더 끓인 후 불을 끈다.

3 볼로 옮겨 담은 후 완전히 식힌다. 랩을 씌워 냉장 보관한다.

  ＊ 냉장실에 넣어 빠르게 식히고자 한다면 콩피추르에 랩을 밀착시켜 덮는다.

4 사용 전 굳은 콩피추르를 주걱으로 부드럽게 푼다.

NH Pectin

＊ **NH펙틴**

펙틴은 과일에 자연스럽게 들어 있는 성분으로, 과즙이나 과일 퓌레를 끓였을 때
형태를 잡아주고 흐르지 않게 하는 역할을 한다. 한번 굳으면 다시 풀리지 않는 일반 펙틴과 달리,
NH펙틴은 데우면 풀어졌다가 식으면 다시 굳는 특징이 있다. 작업 중에 너무 굳었을 때
다시 데워 쓸 수 있고, 실패 없이 안정적으로 사용할 수 있어 디저트 작업에 많이 사용된다.
수분과 만나면 빠르게 응고되는 성질이 있어, 사용 전 설탕과 고루 섞어 준비한다.

 다양한 과일 콩피추르 레시피

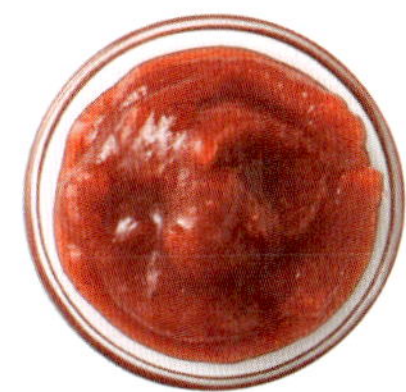

딸기 콩피추르

- 딸기 퓌레 63g + 라즈베리 퓌레 27g + 레몬즙 8g
  + 설탕 20g + NH펙틴 2g
- 딸기 콩피추르로 크렘 샹티이를 만들 경우, 색상이 연하기 때문에
  라즈베리 퓌레를 섞으면 더 고운 분홍빛을 낼 수 있다.

라즈베리 콩피추르

- 라즈베리 퓌레 90g + 레몬즙 5g + 설탕 25g + NH펙틴 2g

망고 콩피추르

- 망고 퓌레 90g + 라임즙 8g + 설탕 20g + NH펙틴 2g
- 레몬즙 대신 라임즙을 사용하면
  이국적인 열대과일의 풍미를 살릴 수 있다.

카시스 콩피추르

- 카시스 퓌레 90g + 레몬즙 4g + 설탕 25g + NH펙틴 1.2g
- 카시스는 다른 과일에 비해 천연 펙틴의 함량이 높기 때문에
  상대적으로 적은 양의 NH펙틴을 사용한다.

 과일 퓌레가 없다면?

과일 퓌레는 브와롱, 아다망스 등의 브랜드에서
500g~1kg 단위의 냉동 제품을 구매할 수
있지만, 소량만 사용하고 싶다면 과일로 직접
만들 수 있다. 과일을 푸드프로세서에 곱게 간 후,
고운체에 내리고 소독한 밀폐 용기에 넣어 냉동하면
2달 이상 보관이 가능하다.

견과류 · 밤 페이스트 더하기

땅콩, 피스타치오 등의 견과류와 밤을 곱게 갈아 만든 페이스트 또는 프랄린을
크렘 샹티이에 섞어 맛을 낼 수 있다.

밤 크렘 샹티이

- 밤과 잘 어울리는 황설탕, 다크럼을 소량 사용해 향을 더한다.
- 뻑뻑한 마롱 페이스트보다는 텍스처가 묽어 작업하기 편리한 마롱 스프레드를 사용한다
  (**추천 제품** 엠베 체스트넛 스프레드).
- **만들기** 볼에 모든 재료를 넣고 거품기로 잘 풀어 섞는다. 랩을 씌워 1시간 냉장 보관한 후 휘핑한다.

피스타치오 크렘 샹티이

- 견과류의 기름기가 느끼하게 느껴지지 않도록 약간의 짠맛이 있는 크림치즈를 섞는다.
- 피스타치오 페이스트는 생피스타치오 간 것, 구운 피스타치오 간 것 두 종류로 나뉜다.
  생피스타치오 페이스트는 초록빛이 진하고 가벼운 맛을 내고, 구운 피스타치오 페이스트는 카키색, 황토색에 가깝고
  고소함이 진하다. 기본적으로 생피스타치오 페이스트를 사용하되, 두 종류를 모두 가지고 있다면
  생피스타치오 페이스트, 구운 피스타치오 페이스트를 5 : 1 비율로 섞으면 더욱 고소하다.
  구운 피스타치오 페이스트는 느끼한 맛이 강해 단독으로 사용하는 것은 권하지 않는다(**추천 제품** 선인 피스타치오 페이스트).
- 구운 피스타치오를 굵게 다져 약 3g 섞으면 시각적으로, 식감으로 더욱 진한 고소함을 느낄 수 있다.
- **만들기** 볼에 모든 재료를 넣고 거품기로 잘 풀어 섞는다. 랩을 씌워 1시간 냉장 보관한 후 휘핑한다.

피넛 크렘 샹티이

생크림 110g + 크림치즈 30g + 100% 땅콩버터 18g + 설탕 20g

- 견과류의 기름기가 느끼하게 느껴지지 않도록 약간의 짠맛이 있는 크림치즈를 섞는다.
- 첨가물이 들어가지 않은 100% 땅콩버터 또는 땅콩 페이스트를 사용한다.
- **만들기** 볼에 모든 재료를 넣고 거품기로 잘 풀어 섞는다. 랩을 씌워 1시간 냉장 보관한 후 휘핑한다.

아몬드 프랄린 크렘 샹티이

생크림 110g + 크림치즈 30g + 아몬드 프랄린 15g + 설탕 17g

- 견과류의 기름기가 느끼하게 느껴지지 않도록 약간의 짠맛이 있는 크림치즈를 섞는다.
- 헤이즐넛, 피칸 등 다른 견과류를 프랄린으로 만들어 활용해 만들어도 좋다(홈메이드 프랄린 만들기 188쪽 참고).
- **만들기** 볼에 모든 재료를 넣고 거품기로 잘 풀어 섞는다. 랩을 씌워 1시간 냉장 보관한 후 휘핑한다.

✳ 크림 색감 참고

▲ 마롱 크렘 샹티이

▲ 피스타치오 크렘 샹티이

Praliné

✳ **프랄린**

견과류에 설탕을 입혀
캐러멜라이즈한 뒤 곱게 갈아
만든 페이스트이다. 아몬드나
헤이즐넛을 주로 사용하며,
설탕이 캐러멜화되면서 생기는
고소함과 쌉쌀한 단맛이 특징이다.

▲ 땅콩 크렘 샹티이

▲ 아몬드 프랄린 크렘 샹티이

가루 재료 더하기

말차, 쑥, 흑임자 등의 원물을 곱게 빻아 만든 가루를 크렘 샹티이에 섞어 맛을 낼 수 있다.
가루가 한데 뭉치지 않도록 생크림에 미리 잘 푼 후 휘핑한다.

쑥 크렘 샹티이

- 입자가 고울수록 색이 선명하게 나므로 최대한 고운 가루를 사용한다.
- **만들기** 쑥가루를 설탕과 섞은 후 생크림을 붓고 거품기로 덩어리 없이
  잘 풀어 휘핑한다.

콩가루 크렘 샹티이

- 황금색에 가까운 노란빛을 띠는 볶은 콩가루를 사용해야
  진한 고소함을 느낄 수 있다.
- 볶은 콩가루 대신 미숫가루를 사용해도 좋으나,
  설탕이 들어 있지 않은 것으로 사용한다.
- **만들기** 콩가루에 생크림을 붓고 거품기로 덩어리 없이 잘 풀어 휘핑한다.

흑임자 크렘 샹티이

- 기름기가 있는 흑임자 가루의 특성상
  좀 더 깔끔한 단맛을 더하기 위해 비정제원당을 사용한다.
- 통흑임자를 직접 볶아 빻은 후 사용하면 더욱 고소하고 깔끔한 맛으로 즐길 수 있다.
- **만들기** 흑임자 가루에 생크림을 붓고 거품기로 덩어리 없이 잘 풀어 휘핑한다.

말차 크렘 샹티이

생크림 100g + 말차가루 3g + 설탕 10g + 연유 5g

- 말차의 쌉쌀한 맛을 부드럽게 해주는 연유를 함께 사용한다.
- 말차가루는 클로렐라 성분이 들어가지 않은 제품을 선택해 해조류의 비릿함이 나지 않도록 한다.
- **만들기** 말차가루는 수분과 만나면 빠르게 엉겨 붙기 때문에 휘핑 전 아래 과정을 거쳐 섞어 뭉침을 방지한다.

말차 크렘 샹티이 만들기

1 *2* *3*

말차가루를 고운체에
2번 이상 내린다.

말차가루에 설탕을 넣고
거품기로 잘 섞는다.

생크림, 연유를 조금씩 넣어가며
뭉친 데 없이 잘 섞는다.

＊ 크림 색감 참고

머랭 더하기

생크림에 머랭을 넣어 달콤하고 가벼운 식감을 살릴 수 있다.

- 수분이 많은 과일을 활용한 메뉴에 생크림보다 한층 가볍게,
  입 안에서 사르르 녹듯이 사라지는 크림을 더하고자 할 때 사용한다.
- 머랭을 안정화시키기 위해서는 더 많은 양의 설탕을 사용해야 하지만,
  크림의 당도가 너무 높아지는 것을 막기 위해
  소량의 젤라틴매스를 함께 섞어 보다 안정적인 구조를 만든다.
- 머랭은 쉽게 변질되니 머랭 크렘 샹티이는 당일에 빠르게 사용한다.
- **활용** 아이싱과 샌딩보다 토핑용 크림으로 사용하는 것이 이상적이다(132쪽 트라이플).

머랭 크렘 샹티이 만들기

1

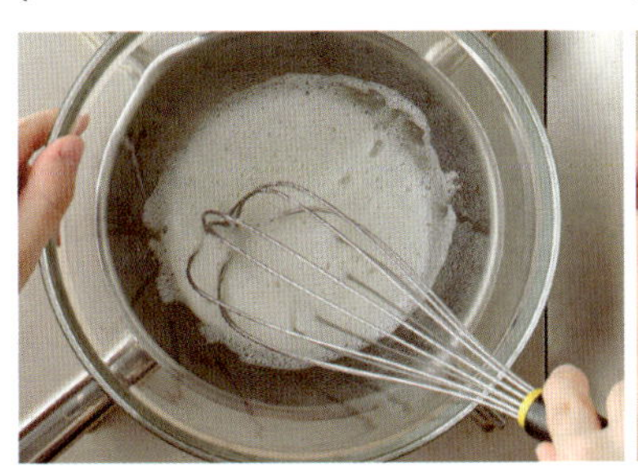

볼에 달걀흰자와 설탕을 넣고
중탕해 50℃까지 온도를 올린다.

2

볼을 중탕 냄비에서 꺼내고 핸드믹서
중속으로 휘핑해 스위스 머랭을
만든다. 머랭의 온도가 32~35℃로
떨어질 때까지 휘핑을 계속한다.
✱ 머랭의 온도가 너무 낮으면 데운
젤라틴매스를 섞을 때 빠르게 굳을 수
있으니 온도를 준수한다.

3

다른 볼에 젤라틴매스, 리큐르를 넣고
중탕하거나 전자레인지에 10초씩
끊어가며 돌려 젤라틴매스를 완전히
녹인다.
✱ 젤라틴 없이 머랭과 휘핑한 생크림을
섞을 시 시간이 조금 지나면 수분이
분리될 수 있다.

4

③의 녹인 젤라틴매스와
리큐르를 ②의 머랭에 넣고
거품기로 가볍게 섞는다.
✱ 리큐르는 머랭 특유의 비릿한
냄새를 잡기 위한 것으로
그랑 마르니에, 트리플섹,
쿠앵트로, 키르쉬 등을 사용한다.

5

뿔이 뾰족하게 설 정도로
단단하게 휘핑한 생크림을
④에 넣고 가볍게 섞는다.

Part 2

Crème Pâtissière
&
Combination

크렘 파티시에르 & 콤비네이션

크렘 파티시에르는 '커스터드 크림Custard Cream'이라는 이름으로 알려진 기본적인 크림 중 하나이며,
달걀노른자와 우유의 고소함을 아주 부드럽게 즐길 수 있는 것이 특징이다.
메뉴에 단독으로 사용하기보다 크렘 디플로마트, 크렘 무슬린 등
다양한 크림의 베이스로 활용하는 것이 일반적이며, 우유의 양을 늘리면 더 부드럽게,
버터의 양을 늘리면 더 녹진하게 질감을 조절할 수 있다.
우유 대신 두유나 오트밀크를 사용하는 방법, 초콜릿, 캐러멜 등
새로운 맛과 향을 더하는 방법을 함께 소개한다.

크렘 파티시에르의 주재료 : 달걀

크렘 파티시에르는 우유, 박력분 등 여러 재료로 구성되지만,
핵심은 달걀에 있다. 가열 과정에서 달걀노른자의 단백질은 전분질
재료(박력분)와 함께 크림을 응고시키며, 묽은 액체 상태의 재료를
부드럽고 안정적인 질감으로 바꾼다. 또한 크렘 파티시에르 특유의
매끈한 농도와 입 안에서 퍼지는 고소함을 만든다. 우유와 박력분이
크림의 볼륨과 점도를 보완한다면, 달걀은 풍미와 구조를 동시에
책임지는 재료로서 크렘 파티시에르의 성격을 결정짓는다.
노른자는 고소한 풍미를 형성하고 우유의 비릿한 향을 가려
맛의 중심을 잡아준다. 전분이나 식물성 재료로 비슷한 농도를
만들 수 있어도, 구조·유화·질감·풍미를 동시에 해결하는 재료는
달걀뿐이기 때문에, 크렘 파티시에르를 크렘 파티시에르답게 만드는
가장 중요한 재료로 볼 수 있다.

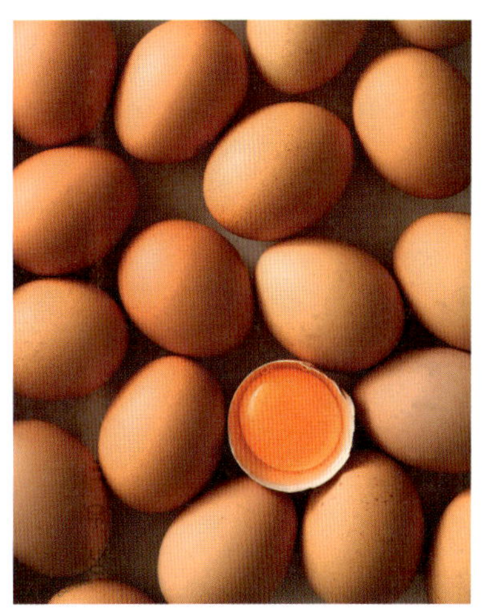

크렘 파티시에르에서 달걀의 기능적 의미

• 크렘 파티시에르의 재료 중 우유나 박력분은 유사한 성질의
  다른 재료로 대체할 수 있지만, 달걀은 그렇지 않다. 달걀노른자는
  가열 과정에서 단백질이 응고해 크림의 뼈대를 만들고, 동시에
  레시틴 성분으로 지방과 수분을 유화해 질감을 안정시키며,
  전분이 만든 점도를 실제로 '크림'다운 질감으로 완성시키는 역할을 한다.
  높은 온도에서도 유수분이 분리되지 않고, 매끄러운 크림이
  완성되는 것은 모두 달걀 덕분이다.

달걀흰자를 사용하지 않는 이유

• 달걀흰자의 응고 특성은 크림과 맞지 않는다.
  달걀흰자는 가열 시 빠르고 단단하게 응고해, 크림을 매끈하게
  만들기보다는 입 안에 남는 미세한 덩어리를 생성하거나
  질긴 식감을 만든다.

• 달걀흰자는 유화력이 거의 없어 지방과 수분이 안정적으로 섞이게
  하지 못하며, 식은 후 분리 위험을 높일 수 있다. 맛의 측면에서도
  고소한 맛이 적고, 비린내를 부각시킨다. 그래서 크렘 파티시에르에서는
  부드러운 구조와 안정적인 질감을 만드는 노른자만 사용한다.

퍼펙트 크림 포인트

신선한 달걀 사용하기
신선한 달걀일수록 노른자 단백질의
응고가 균일하고 레시틴의 유화력이
안정된다. 이는 산란 후 시간이 3~14일
정도로 짧을 뿐 아니라, 구입 후 장기간
냉장 보관이나 상온 방치로 단백질
구조가 손상되지 않은 상태를 의미한다.

기본 크렘 파티시에르 만들기 냉장 보관 2일

재료 달걀노른자 60g, 설탕 60g, 박력분 16g, 우유 250g, 바닐라빈 1/4개, 버터 12g(완성량 약 360g)

1

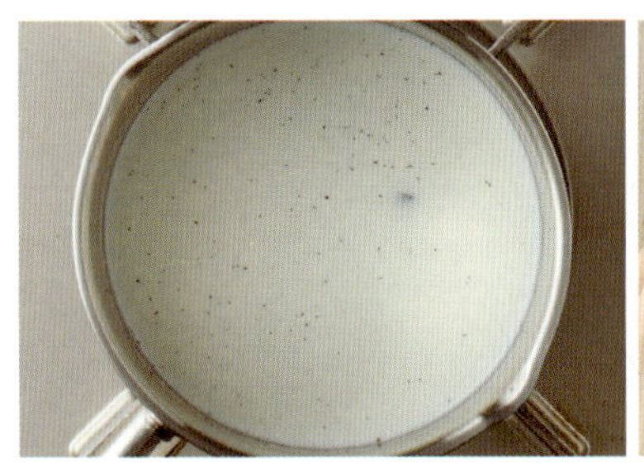

냄비에 우유, 바닐라빈을 넣고
중간 불에서 가장자리가 끓어오를
때까지 가열한다. 불을 끄고
30분 이상 향을 우려낸다.

2

볼에 달걀노른자, 설탕을 넣고 거품기로 섞은 후
박력분을 체 쳐 넣고 덩어리 없이 섞는다.

3

①의 우유를 다시 중간 불에서
가열해 가장자리가
바글바글 끓으면 불을 끈다.
②의 반죽에 조금씩 부어가며
거품기로 섞는다.

4

고운체에 걸러 다시 냄비에 붓고 중강 불에서
거품기로 바닥까지 섞어가며 가열한다. 전체적으로
걸쭉하면서 윤기가 생기는 상태가 될 때까지 끓인다.
✱ 기포가 퍽퍽 소리를 내며 터지면서 끓어오르면
완성된 것이다.

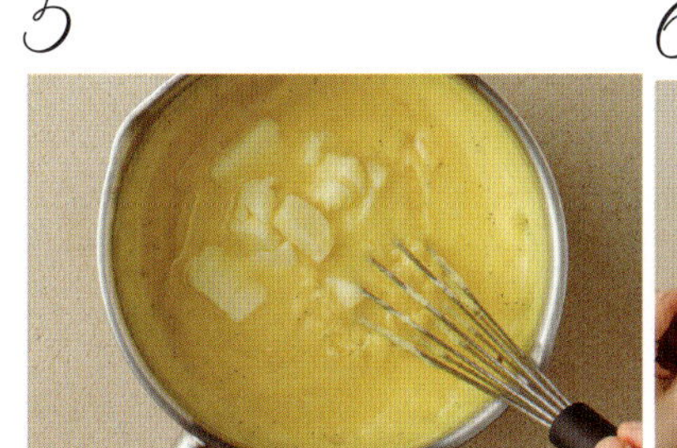

5

불을 끄고 버터를 넣고
잘 섞는다.

6

트레이에 크림을 붓고 넓게 펼친다.
✱ 트레이는 사용 전 주방용
알코올로 깨끗하게 소독한다.

7

뜨거울 때 바로 윗면에 랩을 밀착시켜 덮고
냉장실에 넣어 차갑게 식힌다.
✱ 트레이나 랩과 크림 사이에
공간이 생기면 수분이 맺혀
변질의 원인이 될 수 있으니 주의한다.
✱ 20~60℃는 미생물이 번식하기 쉬운
온도로 최대한 강하게 냉각해 빠르게
이 구간을 지나는 것이 위생적이다.
타이머를 10~15분 맞춰두고 냉동실에
넣어 식혀도 좋다. 단, 너무 오래 넣어
얼면 식감이 좋지 않게 변하니 타이밍을
놓치지 않도록 한다.

응용

더 진한 맛의 크렘 파티시에르

달걀노른자 60g + 설탕 60g
+ 박력분 16g + 우유 200g
+ 바닐라빈 1/4개 + 버터 20g

• 우유를 줄이고 버터를 늘려
상대적으로 묵직하고 진한 맛을
느낄 수 있다.
• 농후한 맛을 선호하는 이들에게
이 비율의 크렘 파티시에르를 추천한다.
• 크림의 풍미를 더 끌어올리고자
할 때 사용하며,
크렘 무슬린(50쪽)을 만들 때
이 비율의 크렘 파티시에르를
사용하면 특히 잘 어울린다.

 **퍼펙트 크림 포인트**

바닐라빈의 향을 충분히 우려내기
우유와 함께 가열한 바닐라빈을 30분 이상 그대로 두어 향을 충분히 우려낸다.
바닐라빈은 달걀의 비릿한 향을 잡고, 크림의 풍미를 돋운다.

달걀, 우유를 섞은 후 센 불에서 빠르게 작업하기
고온 가열로 우유의 잡내를 날리고, 달걀과 우유의 성분을 안정적으로 결합시켜
고소한 맛을 끌어낼 수 있다.

냉장실에서 3시간 이상 굳힌 후 사용하기
냉장실에서 완전히 식혀야 크림의 구조가 안정되며, 탄력 있는 질감을
얻을 수 있다. 냉각이 충분하지 않으면 크림이 풀어지듯 묽게 완성된다.

다양한 재료의 크렘 파티시에르

크렘 파티시에르의 재료로서의 우유는 크림의 구조를 직접 형성하는 핵심 재료가 아니라 수분·지방·풍미를
제공하는 역할에 가깝기 때문에, 이 기능을 충족하는 비슷한 성질의 다른 재료로 충분히 대체할 수 있다.
대체 우유를 사용해 유제품 알레르기나 유당불내증이 있는 사람들도 편하게 섭취할 수 있는 레시피를 소개한다.

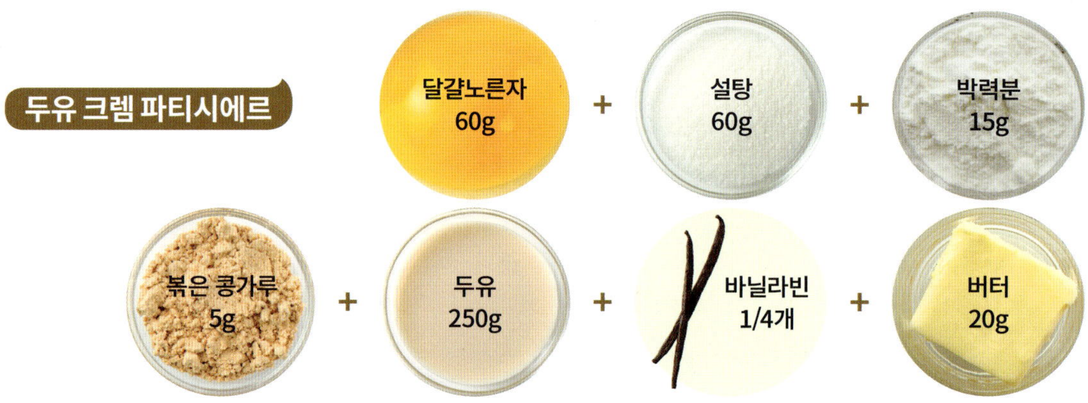

- 두유는 설탕이나 기타 감미료가 첨가되지 않은 제품을 사용한다
  (**추천 제품** 매일두유 플레인 99.9).
- 고소하게 볶은 콩가루를 넣으면 먹음직스러운 색상을 낼 수 있으며,
  두유 특유의 맛을 선호하지 않는 사람들도 고소하게 즐길 수 있다.
- **만들기** 기본 크렘 파티시에르 만들기(42쪽)를 참고하되, 볶은 콩가루는
  박력분과 함께 체 쳐 넣는다.

Tip **우유 외에 다른 재료 대체하기**

- 박력분 대신 같은 양의 박력 쌀가루를 사용해 크렘 파티시에르를 만들 수 있다.
  식감은 일반 크렘파티시에보다 묽게 만들어지는데,
  박력분을 사용한 탱글한 느낌을 유지하고 싶다면 버터를 1.5배 늘린다.
- 버터 대신 같은 양의 코코넛오일을 사용할 수 있다. 이렇게 응용하는 경우,
  맛의 일관성을 위해 우유도 코코넛밀크로 대체하는 것이 좋다.

오트밀크 크렘 파티시에르

| 달걀노른자 60g | + | 카소나드 60g | + | 박력분 20g |
| 오트밀크 200g | + | 바닐라빈 1/4개 | + | 버터 20g |

Cassonade

✱ 카소나드

사탕무로 만든 프랑스식
비정제설탕으로, 수분을 머금은
촉촉한 질감이 특징이다.
크림에 더하면 은은한 단맛을
더할 수 있다. 황설탕 또는
라이트 머스코바도로 대체 가능하다.

- 은은한 단맛과 크림의 색을 내기 위하여 카소나드를 사용한다.
- 응고력이 떨어지기 때문에 박력분과 버터를 늘려 탄력을 더한다.
- 오트밀크는 설탕이나 기타 감미료가 첨가되지 않은 제품을 사용한다.
- 오트밀크 자체의 지방 함량이 낮아 부담 없이 담백한 맛이 특징이다.
  진한 맛을 선호한다면 맛의 임팩트가 다소 약하다고 느낄 수도 있다.
- 커피, 초콜릿처럼 맛과 향이 강한 재료와 사용하면 특히 잘 어울린다.
- **만들기** 기본 크렘 파티시에르 만들기(42쪽)를 참고한다.

✱ 크림 질감 참고

일반 크렘 파티시에르보다 찰기가 덜하고 주걱으로 떠올릴 때
단면이 뚜렷하기보다는 둔탁하게 뚝뚝 끊어진다.

크렘 파티시에르 콤비네이션

크렘 파티시에르는 기본 배합을 바탕으로 다른 재료를 더해 질감과 풍미를 다양하게 변주할 수 있는
활용도가 높은 크림이다. 가장 기본적인 활용 레시피를 알아보자.

크렘 디플로매트

- 프랑스에서 디플로매트 Diplomate란 '세련되고 격식 있는 존재'를 뜻하는 말로,
  크렘 파티시에르의 고소함에 휘핑한 생크림의 부드러움이 더해져
  한층 우아하고 부드러운 맛을 느낄 수 있기에 지어진 이름이다.
- 용도에 따라 크렘 파티시에르와 휘핑한 생크림의 비율을 달리한다.
  고소하고 진한 맛을 살리고자 한다면 크렘 파티시에르와 휘핑한 생크림의
  비율을 4 : 1, 부드럽고 가벼운 맛을 살리고자 한다면
  3 : 1 또는 2 : 1을 추천한다.
- 생크림의 비율을 높이면 상대적으로 당도가 낮아지니 취향에 따라 휘핑한
  생크림을 생크림 중량의 약 7%의 설탕을 더한 크렘 샹티이로 대체할 수 있다.
- 크림을 좀 더 되직하게 완성하고 싶다면 휘핑한 생크림을 마스카포네
  크렘 샹티이(22쪽), 크림치즈 크렘 샹티이(22쪽)로 대체할 수 있다.
- 오트밀크 크렘 파티시에르로 크렘 디플로매트를 만든다면 맛과 향의 특징을
  살리기 위해 크렘 파티시에르와 휘핑한 생크림은 5 : 1의 비율을 추천한다.
- 남은 크림은 밀폐 용기에 넣어 냉장 보관 후 12시간 안에 사용한다.

 **퍼펙트 크림 포인트**

냉장실에서 1시간 이상 굳힌 후 사용하기
혼합 직후에는 두 크림의 온도와 밀도 차이로 인해 구조가 아직 불안정한 상태이다.
냉장 휴지를 거치면 크렘 파티시에르의 전분·단백질 구조가 다시 안정되고,
휘핑한 생크림의 유지방이 차갑게 굳는다. 그래서 크림이 퍼지지 않고
형태를 유지하면서도, 입 안에서 부드럽게 녹는 디플로매트 특유의 질감이 완성된다.
또한 충분히 냉각된 상태는 짤주머니에 넣어 파이핑할 때나, 메뉴에 사용한 후
크림이 흘러내리는 것을 방지하는 역할도 한다.

크렘 디플로매트 만들기 / 냉장 보관 12시간

1

볼에 크렘 파티시에르를 넣고
주걱으로 덩어리 없이 부드럽게 푼다.

2

다른 볼에 생크림을 넣고 뾰족하고
단단한 뿔이 생길 때까지 휘핑한다.

3

①의 볼에 ②의 휘핑한 생크림을
2~3번에 나눠 넣어가며 섞는다.
＊ 비율은 46쪽을 참고해 용도에 맞게
정한다.

초콜릿 크렘 파티시에르

- 가나슈(초콜릿을 생크림과 1 : 1 비율로 섞은 것)를
  크렘 파티시에르에 섞어서 만든다.
- 가나슈를 만들 때는 카카오 함량이 약 64~65%인 다크초콜릿을
  사용하며, 더욱 진한 초콜릿 풍미를 더하고 싶다면
  초콜릿 분량의 15%를 카카오매스로 대체할 수 있다.
- 진한 맛을 유지하면서 조금 더 가벼운 식감으로 완성하고 싶다면
  전체 크림 무게의 약 25%의 휘핑한 생크림을 더해도 좋다.

초콜릿 크렘 파티시에르 만들기

1

볼에 초콜릿(20g)을 넣고 중탕하거나 전자레인지에 20~30초씩 끊어가며
돌려 온도를 40℃로 올린다. 냄비에 생크림(20g)을 넣고 온도를 60℃까지
올린 후 초콜릿에 붓고 완전히 유화될 때까지 거품기로 천천히 섞는다.

2

다른 볼에 크렘 파티시에르를 넣고
주걱으로 덩어리 없이 부드럽게 푼 후
①의 가나슈를 넣는다.

3

주걱으로 고루 섞는다.

✳ 냉장실에 약 1시간 두면
농도가 잡히면서 작업성이 향상되고
초콜릿의 진한 맛도 더욱 직관적으로
전달된다. 초콜릿이 들어가
단단하게 굳을 수 있으므로
너무 오래 냉장 보관하지는 않는다.

캐러멜 크렘 파티시에르

크렘 파티시에르
100g
(만들기 42쪽)

+

캐러멜 소스
20g

- 캐러멜 소스(캐러멜화한 설탕에 생크림을 섞어 만든 것)를
  크렘 파티시에르에 섞어서 만든다.
- 완성된 크림에 크렘 파티시에르의 1~3%의 꼬냑, 럼 등 리큐르를 넣어
  풍미를 더하거나, 캐러멜 소스에 소금을 약 0.3g 더해 맛에 포인트를 줄 수 있다.

캐러멜 크렘 파티시에르 만들기

1

냄비에 설탕(50g)을 넣고
약한 불에서 가열한다.

2

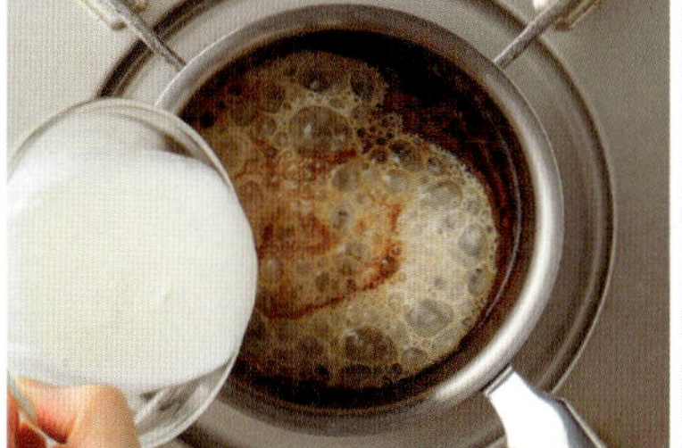

설탕이 모두 녹아 갈색이 되고 온도가 180~190℃까지 오르면 불을 끄고 80℃로
데운 뜨거운 생크림(50g)을 2번에 나눠 넣어가며 섞어 캐러멜 소스를 만든다.
✳ 생크림을 부을 때 뜨거운 김이 올라오니 주의한다.

3

불을 끄고 소금(0.3g)을 섞은 후
캐러멜 소스를 25℃까지 식힌다.

4

볼에 크렘 파티시에르를 넣고
주걱으로 덩어리 없이
부드럽게 푼 후 ③의 캐러멜
소스(20g)를 넣는다.

5

주걱으로 고루 섞는다.
✳ 냉장실에 3시간 이상 두면 농도가
잡히면서 작업성이 향상되고 캐러멜의
진한 맛도 더욱 직관적으로 전달된다.

크렘 무슬린

- 크렘 파티시에르에 버터 또는 버터 크림을 더해 완성하는
  농후한 맛을 느낄 수 있는 크림.
- 크렘 무슬린을 만드는 방법은 다양하며,
  어떤 맛의 재료를 섞을지에 따라 레시피를 결정할 수 있다.
- 남은 크림은 밀폐 용기에 넣어 냉장 보관 후 하루 안에 사용한다.

① 피스타치오, 땅콩 페이스트를 더할 경우

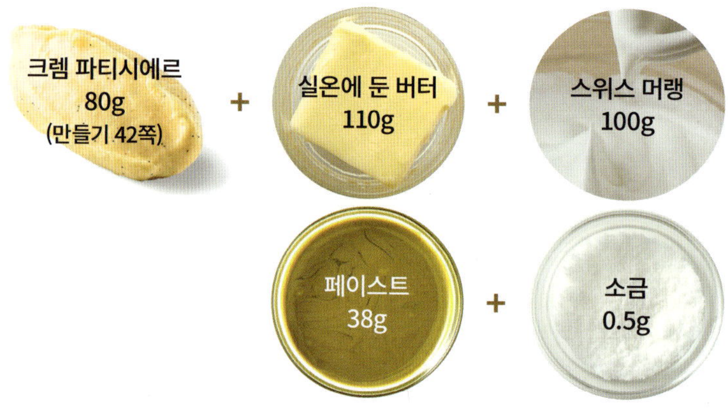

- 피스타치오, 땅콩 페이스트는 단백질, 고형분 함량이 높아 크렘 파티시에르,
  버터만 섞으면 지나치게 뻑뻑하거나 텁텁해질 수 있다. 따라서 공기를 머금은
  스위스 머랭을 섞어 한층 부드러운 식감을 만든다.
- **활용** 프레지에, 크림과 시트가 여러 층으로 들어가는 오페라 케이크나
  슈 디저트 충전물로 사용하기 좋다(148쪽 피스타치오 퍼펙트 슈).

 **퍼펙트 크림 포인트**

재료를 섞기 전 온도 맞추기

크렘 무슬린은 크렘 파티시에르에 버터 또는 버터 크림을 충분히 섞어
농후한 질감을 만드는 크림이다. 두 재료의 온도 차이가 크면 각 크림에서 이루어진
유화가 깨지거나 분리되기 쉽다. 버터가 너무 차가우면 크림 안에서 알갱이처럼 남고,
반대로 너무 따뜻하면 크림이 묽어지며 지방이 분리된다.
크렘 파티시에르와 버터가 모두 말랑하고 부드러운 실온 상태일 때 섞어야만
버터가 크림 속에 고르게 유화되며 매끈하고 탄탄한 크렘 무슬린의 질감이 완성된다.

1

2

볼에 크렘 파티시에르를 넣고
중탕하거나 전자레인지에 15초씩
끊어가며 데워 32℃까지 온도를
올린 후 덩어리 없이 잘 푼다.

실온에 둔 버터, 소금을 넣고 핸드믹서 저속으로 부드럽게
풀어질 때까지 휘핑한 후 페이스트를 넣고 핸드믹서 저속으로 고루 섞는다.
＊ 기호에 따라 피스타치오 가루를 추가한다.

3

4

5

다른 볼에 달걀흰자, 설탕을 넣고
중탕해 온도를 50℃까지 올린다.

볼을 중탕 냄비에서 꺼내
32~35℃까지 떨어질 때까지
핸드믹서 중속으로 휘핑해
스위스 머랭을 만든다.

②에 ④의 스위스 머랭을
두 번에 나눠 넣고 섞는다.

② 아몬드·헤이즐넛 프랄린, 검은깨 페이스트를 더할 경우

- 지방 함량이 높은 재료는 다른 재료 없이도 크렘 파티시에르, 버터와 안정적으로 섞일 수 있다. 진하고 무게감 있는 맛을 표현할 수 있다.
- **활용** 차게 두었을 때 풍미가 또렷해 슈, 에클레르 등의 필링용, 또는 밀푀유 샌드용으로 사용하기 좋다(140쪽 밀푀유).

볼에 크렘 파티시에르를 넣고 주걱으로 덩어리 없이 부드럽게 푼 후 프랄린(또는 페이스트)을 섞는다.

실온에 둔 버터를 넣고 핸드믹서 저속으로 고루 섞는다.

③ 농도가 진한 과일 퓌레를 더할 경우

- 과일 퓌레는 산성을 띠고 수분 함유량이 높아 버터와 그대로 섞으면
  크림이 분리될 수 있다. 중탕한 달걀 혼합물(파트 아 봉브 Pâte à bombe)을
  버터에 섞어 유화시킨 '프렌치 버터 크림(59쪽)'을 크렘 파티시에르와 먼저 섞은 후
  퓌레를 더하면 한층 안정적으로 과일 맛을 더한 크렘 무슬린을 완성할 수 있다.
- **활용** 프레지에에 채우거나 컵케이크 프로스팅용으로 사용하기 좋다
  (158쪽 프레지에 에떼).

1

볼에 크렘 파티시에르를 넣고
중탕하거나 전자레인지에 10~20초씩
끊어가며 데워 32℃까지 온도를
올린 후 덩어리 없이 잘 푼다.

2

프렌치 버터 크림, 실온에 둔 과일 퓌레를 순서대로 넣고
핸드믹서 저속으로 섞는다.

3

다른 볼에 달걀흰자(40g),
설탕(40g)을 넣고 저어가며
50℃가 될 때까지 중탕한다.

4

볼을 중탕 냄비에서 꺼내
32~35℃까지 떨어질 때까지
핸드믹서 중속으로 휘핑해
스위스 머랭을 만든다.

5

②에 ④의 스위스 머랭(76g)을
두 번에 나눠 넣고 섞는다.

Part 3

Butter Cream
버터 크림

버터 크림(프랑스어로는 '크렘 오 뵈르 Crème au Beurre')이라고 하면
입에 넣는 순간 지나치게 달고 기름진 맛이 느껴지는,
옛날 케이크의 알록달록한 버터 크림을 떠올리는 사람이 많을 것이다.
하지만 원가 절감을 위해 쇼트닝(식물성 경화유)으로 만든 옛날 버터 크림이 아닌
'진짜' 버터 크림은 종류가 다양할 뿐만 아니라
가볍고 부드러운 맛을 가지고 있으며, 생각보다 널리 사용되고 있다.
버터와 함께 섞는 재료의 종류에 따라 다른 맛과 식감을 만들어내며
다양한 맛의 재료를 더해 응용할 수 있어 한계가 없는 버터 크림에 대해 알아보자.

버터 크림의 주재료 : 버터

같은 레시피라도 어떤 버터를 쓰느냐에 따라 질감과 풍미, 작업성이
달라진다. 버터는 크림의 구조와 맛을 동시에 만드는 핵심 요소로,
온도 변화에 반응하는 물성과 농축된 풍미가 버터 크림을 특별하게 만든다.

버터가 크림 재료로 매력적인 이유

- 버터는 유지방 함량이 매우 높아 입에서 녹을 때 밀도감 있는 질감을 형성한다.
  이 지방은 설탕, 공기와 섞일 때 볼륨을 형성하며 결합하여 크림의 기본 구조를
  만들고, 부드러움부터 단단함까지 다양한 질감 표현을 가능하게 한다.

- 버터에는 우유 지방에서 비롯된 고소한 향미 성분이 농축되어 있다.
  다른 재료의 맛과 섞여도 중심 풍미를 잃지 않아, 과일·초콜릿·견과류 등과
  결합해도 자연스럽게 어우러지며 고급스러운 맛을 만들어낸다.

추천 제품

- 엘르앤비르 고메버터
  프랑스산 발효 버터로 발효 풍미의 밸런스가 좋아 반죽용, 버터 크림용으로
  모두 사용하기 좋다.
- 서울우유 버터
  가볍고 깔끔한 우유 풍미의 버터로 진한 맛을 더하는 버터 크림보다
  우유의 맛을 담백하게 담아내는 버터 크림을 만들 때 적합하다.
- 글라스랜드 무염 버터
  아메리카 버터 크림에 사용하기 적합한 풍미와 작업성을 가진 제품으로
  크림치즈와 잘 어울린다.
- 프레지덩 무염 버터
  프랑스산 발효 버터로 반죽에 사용해 은은한 발효 풍미를 더할 수 있다.

 **Tip   AOP 버터**

AOP Appellation d'Origine Protégée(원산지 명칭 보호)를 받은
프랑스산 버터를 말한다. 특정 지역에서 생산된 원유를 사용하고,
전통적인 제조 방식과 숙성 기준을 충족해 인증받은 제품이다.
풍미가 깊고 개성이 분명해 크림으로 만들기보다는 버터 자체로 빵 등에
발라 먹는 것이 더 매력적이며 의도적으로 진한 버터의 향을 낼 때만
크림과 반죽에 사용한다. 이즈니, 레스큐어의 제품이 잘 알려져 있다.

 **퍼펙트 크림 포인트**

적합한 버터 선택하기
식물성 유지, 첨가물, 트랜스지방 등이
섞인 '가공버터'가 아닌지 반드시
확인한다. 이러한 제품은 맛과 풍미,
성분이 확연히 달라 완성도 높은 버터
크림을 만드는 재료로 적합하지 않다.

다양한 종류의 버터 크림

버터 크림은 버터에 어떤 재료를 섞는지에 따라 종류가 나뉜다. 가장 기본적이고 자주 쓰이는 것부터 낯설지만
새롭게 활용할 수 있는 것까지, 다양한 종류의 버터 크림 레시피를 알아보자.

이탈리안 버터 크림

- 머랭에 118~120℃까지 가열한 설탕 시럽을 부어가며 만든 '이탈리안 머랭'에
  버터를 더해 만드는 크림이라 이탈리안 버터 크림이라 부른다.
- 공정은 다소 까다롭지만 완성 후 형태 유지력이 가장 안정적이다.
- 머랭을 만들 때, 버터를 섞으며 두 차례의 휘핑으로
  공기를 주입해 가볍고 부드럽게 만든 식감이 특징이다.
  비교적 산뜻하고 과하지 않은 단맛이 난다.
- 맛이 깔끔하고 밝은 흰색을 띠어 과일 퓌레를 더했을 때 맛과 향, 색을 선명하게
  표현할 수 있다.
- **활용** 케이크 아이싱, 토핑이나 시트 사이에 바르는 샌드 크림,
  마카롱 샌드 크림으로도 적합하다(176쪽 꺄트르 꺄).

이탈리안 버터 크림 만들기 / 냉장 보관 1일

재료 실온에 둔 버터 135g, 달걀흰자 50g, 소금 1.3g, 설탕 75g, 물 25g

1	*2*	*3*

볼에 달걀흰자와 소금을 넣고 전체적으로 하얗게 거품이 일 정도로 휘핑한다.	냄비에 물, 설탕을 넣고 중간 불에서 끓여 온도를 118~120℃까지 올린다.	①의 달걀흰자에 ②의 뜨거운 시럽을 조금씩 흘려 넣어가며 핸드믹서 고속으로 휘핑해 단단한 뿔이 생기는 이탈리안 머랭을 만든다. 머랭의 온도가 32~35℃가 될 때까지 계속해서 휘핑한다.

4

실온에 둔 버터를 조금씩 나눠 넣으면서 핸드믹서 저속으로 휘핑한다.
색이 밝아지면서 볼륨이 생기고 부드러워지면 주걱으로 가볍게 섞어
크림을 완성한다.

＊ 크림 질감 참고

스위스 버터 크림

- 50℃로 중탕한 달걀흰자와 설탕을 휘핑해 만든 '스위스 머랭'에 버터를 더해 만드는 크림이라 스위스 버터 크림이라 부른다.
- 매우 매끈하고 부드러우며 당도가 높은 편이다.
- **활용** 형태가 안정적이기 때문에 케이크 아이싱을 할 때나 짤주머니에 채워 장식할 때 활용한다(170쪽 토피 바나나 케이크).

스위스 버터 크림 만들기 / 냉장 보관 1일

재료 실온에 둔 버터 116g, 달걀흰자 52g, 설탕 52g, 소금 0.8g

1

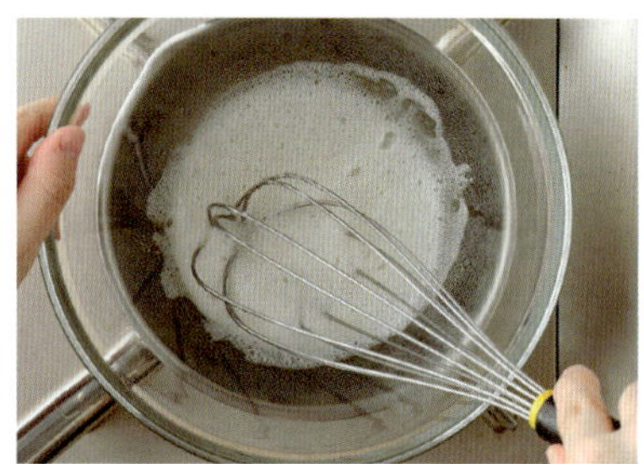

2

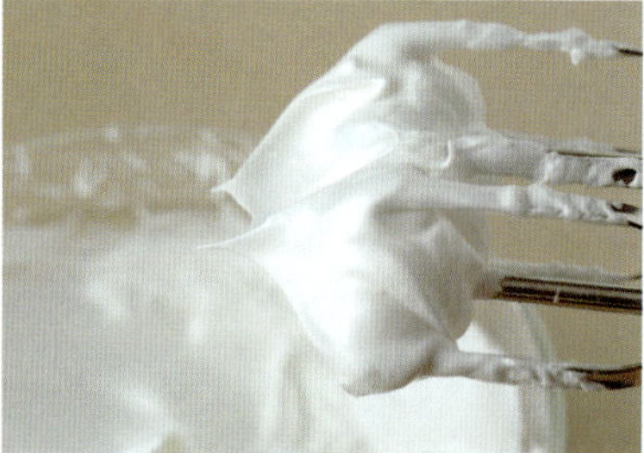

볼에 달걀흰자, 설탕, 소금을 넣고 거품기로 섞어가며 중탕해 온도를 50℃까지 올린다.

볼을 중탕 냄비에서 꺼내 32~35℃로 떨어질 때까지 핸드믹서 중속으로 휘핑해 스위스 머랭을 만든다.

3

✳ **크림 질감 참고**

실온에 둔 버터를 조금씩 넣어가며 핸드믹서 저속으로 휘핑한다. 색이 밝아지면서 볼륨이 생기고 부드러워지면 주걱으로 가볍게 섞어 크림을 완성한다.
✳ 처음에는 스위스 머랭의 수분 때문에 분리되는 것처럼 보이나 계속 섞다 보면 매끄럽게 완성된다.

프렌치 버터 크림

- 달걀을 가열해 만든 파트 아 봉브 $^{Pâte\ à\ bombe}$에 버터를 추가해 완성하는 크림으로, 프랑스 제과에서 발전한 달걀노른자 베이스의 버터 크림을 다른 버터 크림과 구분하기 위해 부르는 명칭이다.
- 달걀노른자를 사용해 노란빛을 띠며, 지방 함량이 비교적 높아 식감이 묵직하고 풍미가 깊다. 머랭을 활용한 버터 크림에 비해 빠르게 녹아내린다.
- **활용** 커피, 초콜릿, 견과류 등 맛과 향이 진한 재료를 더하면 더욱 깊은 맛으로 완성할 수 있다(184쪽 아망디에).

프렌치 버터 크림 만들기 / 냉장 보관 1일

재료 실온에 둔 버터 98g, 달걀노른자 14g, 설탕 15g, 물 15g(또는 우유), 소금 0.5g

1

볼에 달걀노른자, 설탕, 물, 소금을
넣고 거품기로 섞어가며 중탕해
온도를 83℃까지 올린다.

✱ 일반적인 파트 아 봉브는
뜨거운 시럽을 달걀에 넣어 만들지만,
양이 적을 경우 중탕해도 좋다.

✱ 달걀이 익어 몽글몽글해지지 않도록 한다.

2

①의 볼을 중탕 냄비에서 꺼내
체에 거른다.

3

32~35℃로 식힌 후
실온에 둔 버터를 조금씩 넣어가며
핸드믹서 저속으로 휘핑한다.

4

크림의 색이 밝아지고
볼륨이 생기면 주걱으로 가볍게
섞어 크림을 완성한다.

✱ 노른자의 레시틴 성분 덕분에
유화가 원활하게 이루어져
휘핑 시간이 상대적으로 짧다.

✱ **크림 질감 참고**

저먼 버터 크림

- 크렘 파티시에르에 버터를 섞어 완성하는 크림으로, 독일·중앙 유럽권 제과에서 발전한 버터 크림을 다른 버터 크림과 구분하기 위해 부르는 명칭이다.
- 크렘 무슬린(52쪽)과 만드는 방법은 거의 동일하나, 버터의 비율이 높아 보다 우유의 풍미가 두드러진다. 당도는 높지 않고 프렌치 버터 크림에 비해 풍미가 가볍다.
- 다른 종류의 버터 크림에 비해 부드러워 온도 상승에 따른 형태 유지력은 상대적으로 약한 편이다.
- **활용** 형태가 고정되는 힘이 약해 필링이나 토핑용으로 활용하기 적합하다 (192쪽 케이크 오 프뤼이).

저먼 버터 크림 만들기 / 냉장 보관 1일

재료 실온에 둔 버터 130g, 크렘 파티시에르 150g(만들기 42쪽), 소금 1g

1

2

볼에 크렘 파티시에르를 넣고 중탕하거나 전자레인지에 20~30초씩 끊어가며 데워 32℃까지 온도를 올린 후 덩어리 없이 잘 푼다.

실온에 둔 버터, 소금을 넣고 핸드믹서 중속으로 골고루 섞일 때까지 휘핑한다.

＊ 크림 질감 참고

아메리칸 버터 크림

- 미국에서 주로 사용하는 비교적 쉽게 만들 수 있는 심플한 버터 크림이다.
- 크림치즈를 더해 산미와 농도를 보완했다. 달콤함이 진하며 질감이 묵직하다.
- **활용** 컵케이크, 레이어 케이크의 아이싱이나 장식, 샌드쿠키의 크림에
  사용되거나 당근 케이크, 레드벨벳 케이크, 초콜릿 케이크 등 단맛이 강한
  시트와 조합하는 것이 일반적이다(198쪽 클래식 멜팅 모먼츠).

아메리칸 버터 크림 만들기 / 냉장 보관 1일

재료 실온에 둔 버터 120g, 실온에 둔 크림치즈 120g, 분당 72g, 소금 0.6g, 바닐라 익스트랙 2g

1

볼에 실온에 둔 크림치즈를 넣고
주걱으로 부드럽게 푼다.

2

분당, 소금을 함께 체 쳐 넣고
주걱으로 덩어리 없이 섞는다.

3

바닐라 익스트랙을 넣고 실온에 둔 버터를
조금씩 넣어가며 핸드믹서 저속으로
휘핑한다. 색이 밝아지고 볼륨이 생기면
주걱으로 가볍게 섞어 크림을 완성한다.

✻ 크림 질감 참고

러시안 버터 크림

- 러시아 · 동유럽권에서 사용되어 온 버터 크림을
  다른 버터 크림과 구분하기 위해 부르는 명칭이다.
- 세계적으로 널리 사용하지는 않으나, 진한 우유의 맛과 달콤함이
  매력적이며 손쉽게 만들 수 있다.

러시안 버터 크림 만들기 / 냉장 보관 1일

재료 실온에 둔 버터 120g, 연유 48g, 소금 0.8g

볼에 실온에 둔 버터, 연유, 소금을 넣고 핸드믹서 저속으로 휘핑한다.
색이 밝아지고 볼륨이 생기면 주걱으로 가볍게 섞어 크림을 완성한다.
✳ 버터를 실온에 두되, 살짝 부드러운 상태에서 사용한다.
버터가 너무 무를 때 연유와 섞으면 전체적으로 질어져 휘핑 시 공기 주입이 잘 되지 않는다.

 **퍼펙트 크림 포인트**

재료를 섞기 전 온도 맞추기

재료는 여름에는 22~25℃, 겨울에는 30~32℃ 정도로 준비하면 좋다. 버터는 손가락으로 눌렀을 때
여름에는 약간 눌리는 상태, 겨울에는 부드럽게 움푹 들어가는 상태로 준비한다.
버터가 많이 녹아 물처럼 묽어지면 다시 굳혀도 원하는 맛과 식감을 낼 수 없으니 주의한다.

작업 환경의 온도 체크하기

버터 크림을 만들 때 작업 환경의 온도가 22℃ 이하로 떨어지면 분리되기 쉽다. 실내 온도가 너무 낮으면
중탕 냄비를 준비하거나 실내 온도를 높인다. 반대로 26℃가 넘으면 버터 크림이 지나치게 물러져
작업이 어려우므로 재료를 볼에 담아 잠깐 동안 냉장실에 넣어 온도를 떨어뜨려 사용한다.

휘핑 완료 타이밍 놓치지 않기

버터 크림은 맛을 보았을 때 입 안에서 부드럽게 빨리 녹는 시점을 기준으로 휘핑을 마무리한다.
휘핑을 덜하면 크림이 겉돌면서 녹으며 느끼함이 있다. 반면 과하게 휘핑하면 소금의 간이나 버터의 풍미가
약해져 잘 느껴지지 않는다.

분리 시 대처 방법 알아두기

버터가 너무 차가울 경우, 수분과 분리되어 작은 버터 입자가 보이는데(머랭과 버터를 섞을 때
자주 나타나는 현상) 약 40℃의 따뜻한 물을 담은 볼을 크림 볼 아래 잠시 대고 핸드믹서 중속에서
고속으로 휘핑해 분리를 잡을 수 있다. 심하게 분리된 경우, 중탕볼 위에서 중속으로 온도를 올리며
휘핑한 후 서로 뭉치기 시작하면 중탕볼에서 내려 원하는 질감이 될 때까지 휘핑한다.
버터가 너무 따뜻할 경우, 크림이 묽게 풀어지기도 하는데 볼째로 냉장실에 넣거나 얼음물이 담긴 볼을
크림 볼 아래 대고 핸드믹서 중속에서 고속으로 휘핑하면 복구시킬 수 있다. 계속 휘핑해도 매끄럽게
뭉쳐지지 않을 경우, 실온에 둔 버터를 조금씩 넣어가며 휘핑해 복구시킬 수 있다.

보관 방법 알아두기

남은 버터 크림에 랩을 밀착시켜 덮고 밀폐 용기에 넣어 냉동하면 7일간 보관할 수 있다. 다시 사용하고자
할 때는 하루 전 냉장실로 옮긴 후, 최소 30분간 실온에 꺼내두고 부드러워지면 핸드믹서 저속으로 가볍게
휘핑해 볼륨을 살려 사용한다. 하지만 최상의 맛을 즐기길 원한다면 만든 당일에 모두 사용한다.

'휩드 가나슈 Whipped Ganache'라고도 부르는 가나슈 몽테는 생크림이 많이 들어간 가나슈를
휘핑하여 사용하는 크림이다. 크렘 샹티이보다 풍미가 깊고, 크렘 무슬린보다 담백하며,
버터 크림보다 가벼운 새로운 맛과 질감의 크림을 찾는 과정에서 비교적 최근에 등장해
폭넓게 활용되기 시작했다. 초콜릿의 종류와 생크림의 비율에 따라 다양한 식감으로 즐길 수 있으며
과일 퓌레, 찻잎, 허브 등을 더해 다채로운 맛과 향으로 응용할 수 있다.

가나슈 몽테의 주재료 : 초콜릿

가나슈 몽테에서 초콜릿은 단순히 맛을 더하는 재료가 아니라,
크림의 질감과 완성도를 좌우하는 중심축이다. 초콜릿의 성분과
성질에 따라 가나슈의 농도와 매끄러움, 휘핑 후의 탄력과 안정감이 달라진다.
입 안에서 느껴지는 녹는 감각에도 차이가 생긴다.

초콜릿의 구성 요소

초콜릿은 몇 가지 핵심 성분이 조합되어 만들어지는 식재료다.
각 성분의 비율에 따라 초콜릿의 성격과 활용 범위가 달라진다.

- **카카오 고형분** 카카오빈에서 지방을 분리하고 남은 고형 성분으로,
  초콜릿의 색과 쌉싸름한 풍미를 만든다. 카카오의 개성과 깊이는
  이 성분에서 비롯되며, 초콜릿 특유의 향과 맛을 결정짓는 핵심 요소다.

- **카카오버터** 카카오빈에서 얻는 지방 성분으로, 초콜릿의 질감과 구조를
  좌우한다. 상온에서는 단단한 상태를 유지하다가, 30~34℃에서
  부드럽게 녹는 특성이 있어 크림과 섞였을 때 안정적인 조직을 형성한다.

- **설탕** 초콜릿에 단맛을 더하는 동시에 전체 맛의 균형을 잡는다.
  카카오의 쌉싸름한 풍미를 완화하고, 초콜릿을 보다 부드럽고 대중적인
  맛으로 만드는 역할을 한다.

- **우유 성분** 분유나 탈지분유 형태로 사용되며, 초콜릿에 고소함과 부드러움을
  더하는 요소이다. 모든 초콜릿에 꼭 들어가는 것은 아니나,
  유단백과 유당 성분이 더해지면 질감과 맛이 부드러워진다.

어떤 초콜릿을 사용해야 할까?

가나슈 몽테의 질감은 재료에 함유된 지방에 달려 있다. 냉장 숙성 중
결정화된 카카오버터와 생크림의 유지방은 서로 맞물리며 구조를 형성하고,
이 구조가 휘핑 과정에서 포집된 공기를 지탱해 가볍지만 무너지지 않는
크림의 뼈대가 된다. 이 때문에 가나슈 몽테의 완성도를 좌우하는 가장 중요한
요소는 초콜릿 속 카카오버터의 함량이다. 따라서 가나슈 몽테에는
커버처 초콜릿을 사용하는 것이 바람직하다. 대체지방이 많이 함유된 저품질의
초콜릿을 사용할 경우, 지방 구조가 충분히 형성되지 않아 안정적인 가나슈
몽테를 만들기 어렵다.

추천 제품
- 칼리바우트, 카카오바리
  초콜릿 입자가 작아 빠르게 녹고 유화 작업을 수월하게 진행할 수 있다.

기본 가나슈 몽테 만들기 냉장 보관 2일

재료 생크림A 48g, 밀크초콜릿 60g, 트리몰린 7g, 차가운 생크림B 120g

1

볼에 생크림A, 초콜릿, 트리몰린을
넣고 중탕하거나 전자레인지에
20~30초씩 끊어가며 데워
초콜릿을 녹인 후 잘 섞는다.
＊ 초콜릿은 전자레인지에 녹이면
타기 쉬워 짧게 끊어가며
거품기로 살살 섞으며 데운다.
중탕하는 방법이 가장 안전하다.
＊ 젤라틴매스, 꿀을 섞는다면
이때 함께 데운다.

2

차가운 생크림B를 조금씩 넣어가며 섞는다.
＊ 초콜릿과 생크림이 유화된 상태를
유지하면서 혼합물의 온도를 낮춰
카카오버터와 유지방이 결정화할 수
있도록 하기 위해 차가운 생크림을 더한다.
이 단계에서 발생하는 카카오버터와
유지방의 결정화가 이후 휘핑이 가능한
구조를 형성한다.

Trimoline

＊ 트리몰린

설탕을 분해해 만든 전화당을
제과용으로 만든 시럽이다.
가나슈 몽테를 만들 때 단맛을
더하면서 유화 안정성을 높여야
하는 경우 사용한다. 트리몰린
자체에는 향이 거의 없어, 향을
더하고 싶다면 여러 종류의 꿀이나
메이플시럽으로 대체해도 좋다.

3

핸드블렌더로 유화한 후
랩을 씌우고 냉장실에 넣어
12시간 이상 휴지시킨다.

4

굳은 가나슈 몽테를 핸드믹서
저속으로 필요한 만큼 휘핑한다.

Tip **젤라틴매스를 사용하는 이유는?**

가나슈 몽테에 다른 재료를
더하면 생크림과 초콜릿을
결합시키는 기본 구조가
불안정해지기도 한다. 이때
휘핑 후에도 형태가 무너지지
않도록 구조 안정성을 높이면서
탄력 있는 식감을 내기 위해
젤라틴매스를 사용한다.

 **퍼펙트 크림 포인트**

핸드블렌더로 충분히 유화시키기

초콜릿과 생크림을 섞을 때는 공기가 들어가 거품이 생기지 않도록 주의하며
핸드블렌더로 충분히 유화한다. 초콜릿과 생크림의 지방과 수분이 고르게 결합된
상태를 만들어야 이후 숙성과 휘핑 과정에서 질감이 안정된다. 이 단계의 유화가
불완전하면 냉장 숙성 후에도 분리가 발생하거나 입자가 남기 쉽다.

충분히 냉장 휴지시키기

초콜릿과 생크림을 유화한 뒤에는 최소 12시간, 가능하다면 24시간
냉장 숙성해 가나슈를 안정화한다. 이 휴지 시간 동안 가나슈의 농도와 점성이
정리되며, 휘핑 시 공기를 고르게 포집할 수 있는 상태가 된다.
숙성이 부족하면 휘핑 중 분리되거나 크림의 탄력이 불안정해질 수 있다.

한 번까지만 재사용하기

한 번 휘핑한 가나슈 몽테가 남으면 밀봉해 냉장 보관했다가 다음 날까지 다시
사용할 수 있다. 그러나 이후 다시 휘핑하면 처음 만들었을 때의 질감이 돌아오지
않기 때문에 2번 이상은 권하지 않는다.

저속에서 짧게 휘핑하기

가나슈 몽테는 저속으로 천천히 공기를 넣어 원하는 질감이 되었을 때
즉시 멈추는 것이 중요하다. 과도한 휘핑은 크림의 풍미를 떨어뜨리고, 입 안에서
녹는 감각을 둔하게 만든다. 휘핑 정도를 민감하게 조절하기 어려운 초보라면
휘핑 팁이 한 개만 장착된 핸드믹서(핸드블렌더의 거품기 팁을 활용, 사진1)를
사용하거나, 거품기를 사용해 휘핑하는 것(사진2)을 추천한다.

다양한 맛과 향의 가나슈 몽테 조합

가나슈 몽테는 초콜릿과 생크림의 맛에 머무르지 않고, 다양한 재료와의 조합을 통해 맛을 확장하고,
활용도를 대폭 넓힐 수 있는 크림이다. 초콜릿과 생크림이 지닌 예민한 물성을 이해하고,
적절한 비율 설정과 공정의 차이를 통해 이를 안정적으로 다루는 것이 완성도의 핵심.
재료 각각의 맛과 질감을 가장 이상적으로 표현할 수 있는 가나슈 몽테 레시피를 소개한다.

바닐라빈, 찻잎 등 재료의 맛과 향을 우려내는 방법

1

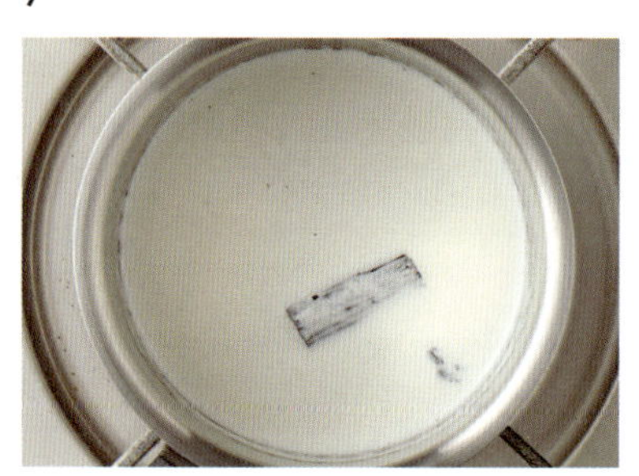

냄비에 재료와 생크림A를 넣고
약한 불에서 가장자리가 끓을 때까지 가열한 후
뚜껑을 덮고 30분 이상 향을 우려낸다.
＊ 마른 찻잎을 활용하는 경우,
뜨거운 물을 붓고 뚜껑을 덮어
15분간 불린 후 사용한다. 어떤 차든 원하는
진하기에 맞게 중량을 조절해 응용할 수 있다.

2

①을 고운체에 거르고 재료에 남은
생크림을 주걱으로 눌러 짜낸다.

3

②의 생크림으로 가나슈 몽테를 만든다
(기본 가나슈 몽테 만들기 ①②③④).

과일 퓌레로 맛과 향을 더하는 방법

1

볼에 생크림, 초콜릿, 과일 퓌레, 젤라틴매스를 넣고 중탕하거나
전자레인지에 20~30초씩 끊어가며 데워 초콜릿을 녹인 후 잘 섞는다.

2

①을 베이스로 가나슈 몽테를 만든다
(기본 가나슈 몽테 만들기 ②③④).

 **퍼펙트 크림 포인트**

질감 조절 시 생크림 활용하기

가나슈 몽테의 질감을 조절할 때는 다른 재료보다 유화 직전 들어가는 차가운
생크림B의 양이나 종류를 조절한다. 카카오 함량이 높은 초콜릿으로 작업하는 경우,
초콜릿의 비율을 높이면 크림이 예민해져 완성도 높은 가나슈 몽테를 만들기 어려울
수 있다. 조금 더 부드러운 맛을 내고 싶다면 차가운 생크림B를 기존 양의 20%만큼
늘리고, 더 진하고 입 안에 오래 남는 맛을 내고 싶다면 UHT크림으로 대체하는
방법을 추천한다. 생크림의 양을 늘릴 시, 트리몰린 또는 꿀을 차가운 생크림B 양의
3~5% 추가해 단맛과 질감을 동시에 잡는다.

화이트초콜릿 가나슈 몽테

바닐라 가나슈 몽테

- 바닐라 향이 진하게 느껴지는
  묵직하고 밀도 높은
  화이트 가나슈 몽테.
- **만들기** 재료의 맛과 향을
  우려내는 방법(68쪽)을 참고한다.
- **활용 메뉴** 바닐라 버터
  시폰케이크(214쪽)

캐모마일 가나슈 몽테

- 캐모마일의 향이 은은하고
  부드러운 질감의
  화이트 가나슈 몽테.
- **만들기** 재료의 맛과 향을
  우려내는 방법(68쪽)을 참고한다.
- **활용 메뉴** 복숭아 토르테(206쪽)

바질 가나슈 몽테

- 생바질잎을 갈아 상쾌한 향을
  더한 밀도 높은 화이트 가나슈 몽테.
- **만들기** 기본 가나슈 몽테 만들기
  (66쪽)를 참고한다.
  바질은 가열해 향을 우려내지
  않는다. 향을 최대한 살리기 위하여
  생크림B, 사워크림과 함께 신선한
  상태 그대로 넣어 핸드블렌더로
  갈아 유화시킨 후 고운체에 거른다.

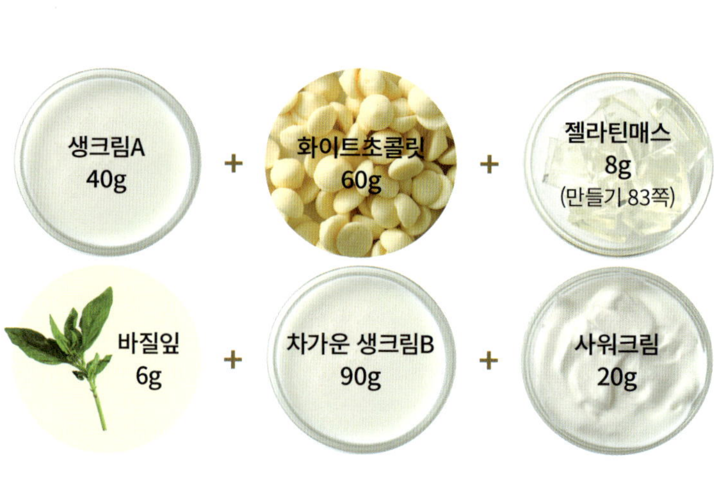

올리브 가나슈 몽테

- 올리브오일의 상쾌한 맛,
  레몬 제스트의 산뜻한 향이
  더해진 부드러운 질감의
  화이트 가나슈 몽테.
- **만들기** 기본 가나슈 몽테 만들기
  (66쪽)를 참고한다.
  생크림A, 화이트초콜릿,
  레몬 제스트, 트리몰린을 함께
  가열한다. 올리브오일, 레몬즙은
  생크림B와 함께 넣어 유화시키고,
  레몬 제스트는 유화시킨 후
  체에 걸러낸다.

무화과잎 가나슈 몽테

- 코코넛, 바닐라처럼 달콤한 향과
  고소한 맛의 무화과잎을 더한
  밀도 높은 화이트 가나슈 몽테.
- 건조 무화과잎은 온라인에서
  구매 가능하다. 생무화과잎을 사용한
  다면 세척 후 물기를 제거하고
  100℃로 예열한 오븐에서
  20~30분간 바짝 말려 사용한다.
- **만들기** 재료의 맛과 향을 우려내는
  방법(68쪽)을 참고하되, 무화과잎은
  향이 잘 우러나므로 뜨거운 물에
  불리는 과정은 생략한다.
- **활용 메뉴** 타르트 타탕(222쪽)

라벤더 가나슈 몽테

- 라벤더 향이 진하게 느껴지는
  묵직하고 밀도 높은
  화이트 가나슈 몽테.
- **만들기** 재료의 맛과 향을
  우려내는 방법(68쪽)을 참고하되,
  라벤더는 향이 진한 편이고
  불리지 않아도 향이 잘 우러나므로
  다른 차와 달리 뜨거운 물에
  불리지 않는다.

레몬버베나 가나슈 몽테

- 청량한 시트러스 향과 상큼함이
  느껴지는 묵직하고 밀도 높은
  화이트 가나슈 몽테.
- 올리브오일은 레몬버베나의 청량한
  향을 살리기 위해 사용한다.
  이때 레몬 향이 더해진 올리브오일을
  사용하면 더 잘 어울린다.
- **만들기** 기본 가나슈 몽테 만들기
  (66쪽)를 참고한다. 생크림A에
  재료의 맛과 향을 우려내는
  다른 가나슈 몽테와 달리,
  가열 시 특유의 향을 잃는
  레몬버베나의 특성상 생크림B에
  향을 더한다. 핸드블렌더로
  생크림B, 레몬버베나잎을
  살짝 갈아 6시간 냉장 보관한 후
  체에 걸러 생크림만 사용한다.
  올리브오일은 레몬버베나잎을
  우린 차가운 생크림B와 함께 넣어
  유화시킨다.

유자 가나슈 몽테

- 유자의 향과 새콤한 맛을
  더한 부드러운 질감의
  화이트 가나슈 몽테.
- **만들기** 기본 가나슈 몽테 만들기
  (66쪽)를 참고한다. 유자 원액,
  레몬즙은 산성이 강한 재료로
  생크림A, 초콜릿, 꿀을 모두 섞어
  유화한 후, 차가운 생크림B를
  넣기 전에 넣고 섞는다.

라즈베리 가나슈 몽테

- 라즈베리의 맛을 더한
  밀도 높은 화이트 가나슈 몽테.
- **만들기** 과일 퓌레로 맛과 향을
  더하는 방법(69쪽)을 참고한다.
- 기호에 따라 라즈베리 리큐르
  6g을 추가한다.

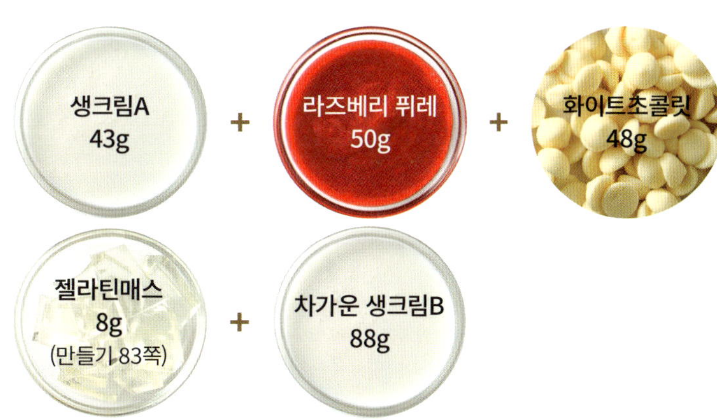

카시스 가나슈 몽테

- 카시스의 맛을 더한 밀도 높은
  화이트 가나슈 몽테.
- **만들기** 과일 퓌레로 맛과 향을
  더하는 방법(69쪽)을 참고한다.
- 기호에 따라 카시스 리큐르
  6g을 추가한다.

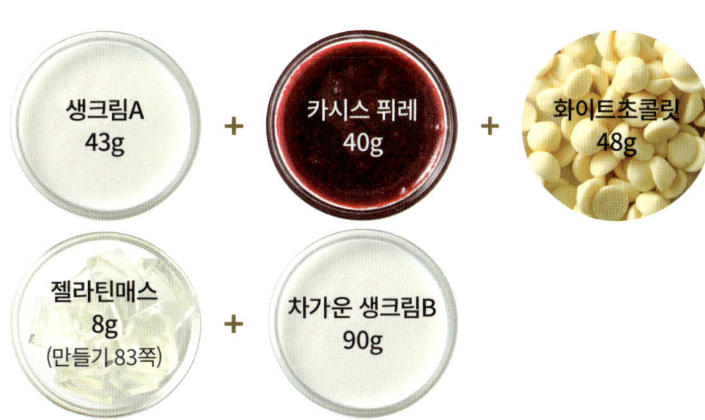

피스타치오 가나슈 몽테

- 고소한 피스타치오의 맛을 더한
  부드러운 질감의 화이트 가나슈 몽테.
- **만들기** 기본 가나슈 몽테 만들기
  (66쪽)를 참고한다.
  피스타치오 페이스트는 생크림A,
  화이트초콜릿과 함께 완전히 섞은 후
  생크림B를 넣고 유화시킨다.

칼바도스 가나슈 몽테

- 사과 향 리큐르인 칼바도스를 더한
  부드러운 질감의
  화이트 가나슈 몽테.
- **만들기** 기본 가나슈 몽테 만들기
  (66쪽)를 참고한다.
  칼바도스는 생크림B와 함께 넣어
  최대한 향을 살린다.

말차 가나슈 몽테

- 말차의 맛을 더한 밀도 높은
  화이트 가나슈 몽테.
- **만들기** 기본 가나슈 몽테
  만들기(66쪽)를 참고한다.
  말차가루는 생크림A, 화이트초콜릿,
  젤라틴매스를 모두 녹여 섞은 후에
  섞는다. 수분과 만나면 빠르게
  엉겨붙는 말차가루의 특성상
  고운체에 2번 이상 내린 후 사용한다
  (37쪽 말차 크렘 샹티이 만들기 참고).

밀크초콜릿 가나슈 몽테

밀크초콜릿 가나슈 몽테

- 순수한 밀크초콜릿의 맛을 살린
  부드러운 질감의 가나슈 몽테.
- 맛과 유화 안정성을 보완하기 위해
  트리몰린을 더한다.
- **만들기** 기본 가나슈 몽테 만들기
  (66쪽)를 참고한다.

코코넛 가나슈 몽테

- 코코넛 크림, 말리부(코코넛 럼)로
  코코넛 향을 진하게 더한 부드러운
  질감의 밀크초콜릿 가나슈 몽테.
- **만들기** 기본 가나슈 몽테 만들기
  (66쪽)를 참고한다.
  말리부는 생크림B와 함께 넣어
  최대한 향을 살린다.

아몬드 프랄린 가나슈 몽테

- 아몬드 프랄린의 고소한 맛을
  더한 밀도 높은 질감의
  밀크초콜릿 가나슈 몽테.
- 헤이즐넛 프랄린을 일부 섞거나,
  완전히 대체해도 좋다.
- **만들기** 기본 가나슈 몽테 만들기
  (66쪽)를 참고한다.
  아몬드 프랄린, 젤라틴매스는
  생크림A, 밀크초콜릿과 함께 가열한다.

얼그레이 라벤더 가나슈 몽테

- 향긋한 얼그레이, 라벤더를
  블렌딩해 만든 밀도 높은
  밀크초콜릿 가나슈 몽테.
- **만들기** 재료의 맛과 향을
  우려내는 방법(68쪽)을 참고한다.

밤 가나슈 몽테

- 마롱 페이스트로 밤의 질감을,
  마롱 스프레드로 단맛을 더한
  밀도 높은 밀크초콜릿 가나슈 몽테.
- **만들기** 기본 가나슈 몽테 만들기
  (66쪽)를 참고한다. 데운 생크림A에
  마롱페이스트, 마롱스프레드를
  잘 풀어 섞는다. 꼬냑은 유화 전
  생크림B와 함께 넣어 최대한 향을
  살린다.

다크초콜릿 가나슈 몽테

다크초콜릿 가나슈 몽테 마일드

- 다크초콜릿의 맛을 부드럽게 살린
  가나슈 몽테.
- 카카오 함량 54.5~57.9%의 초콜릿을
  사용한다.
- 맛과 유화 안정성을 보완하기 위해
  트리몰린을 더한다.
- **만들기** 기본 가나슈 몽테 만들기
  (66쪽)를 참고한다.

진저 오렌지 가나슈 몽테

- 생강과 오렌지의 향을 더해
  겨울에 잘 어울리는 밀도 높은
  질감의 다크초콜릿 가나슈 몽테.
- 생강은 작게 잘라 칼등으로 두드려
  오렌지 제스트와 함께 생크림A에
  넣고 데운다.
- **만들기** 재료의 맛과 향을 우려내는
  방법(68쪽)을 참고한다.

다크초콜릿 가나슈 몽테 인텐스

- 진한 다크초콜릿의 맛을 살린
  밀도 높은 질감의 가나슈 몽테.
- 카카오 함량 64% 이상의
  초콜릿을 사용한다.
- **만들기** 기본 가나슈 몽테 만들기
  (66쪽)를 참고한다.

메밀 가나슈 몽테

- 고소한 맛이 진한 메밀차의
  맛을 더한 밀도 높은 질감의
  다크초콜릿 가나슈 몽테.
- 카카오 함량 약 64%의
  다크초콜릿을 추천한다.
- **만들기** 재료의 맛과 향을 우려내는
  방법(68쪽)을 참고한다.

통카빈 가나슈 몽테

- 통카빈의 아로마틱한 향을 더한
  밀도 높은 질감의
  다크초콜릿 가나슈 몽테.
- 카카오 함량 약 64%의
  다크초콜릿을 추천한다.
- 통카빈과 잘 어울리는 꿀을
  트리몰린 대신 사용한다.
- **만들기** 기본 가나슈 몽테 만들기
  (66쪽)를 참고한다.
  통카빈은 고운 그레이터로 갈아
  생크림A와 함께 데운다.

루비초콜릿 가나슈 몽테

루비 라즈베리 가나슈 몽테

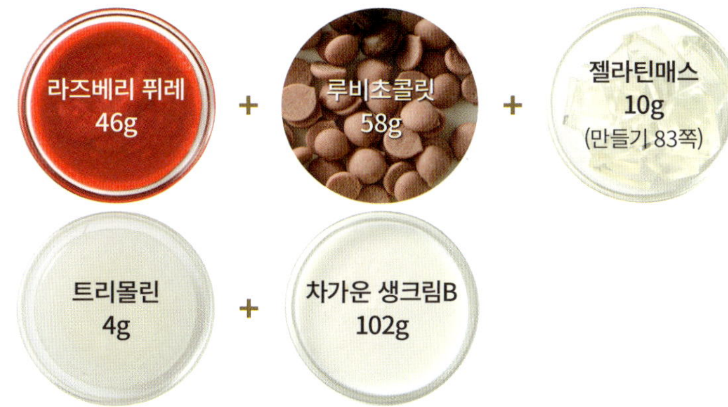

Ruby Chocolate

✳ **루비초콜릿**

루비초콜릿은 착색이나 향료를
더하지 않고, 특정 품종의
카카오 원두와 제조 공정을 통해
자연스러운 분홍색을 구현한
초콜릿이다. 화이트초콜릿과
유사하게 우유 성분을 포함하지만,
카카오버터와 카카오 고유의 성분이
만들어내는 산뜻한 과실의 향과
은은한 산미가 특징으로, 기존의
다크·밀크·화이트초콜릿과는
뚜렷하게 다른 인상을 준다.
이 밖에도 달콤한 캐러멜의 풍미가
돋보이는 골드초콜릿, 맛을 더한
플레이버드 Flavored 초콜릿도 있다.

- 부드러운 과일 맛의 루비초콜릿에 라즈베리 퓌레를 더해
  산뜻한 맛을 강조한 밀도 높은 질감의 루비초콜릿 가나슈 몽테.
- 퓌레가 많이 들어가기 때문에 초콜릿을 녹일 때는
  생크림을 따로 사용하지 않는다(사진1).
- 루비초콜릿의 특성상 생크림만 더하면 회색빛이 돌며
  본연의 고운 분홍색을 잃기 때문에 라즈베리 퓌레의 색감과 신맛(산성)을 더해
  채도를 높이면 붉은빛을 유지할 수 있다(사진2).
- **만들기** 과일 퓌레로 맛과 향을 더하는 방법(69쪽)을 참고한다.

1

2

크림과 디저트를 위한 기본 도구

볼

크림, 머랭을 휘핑할 때는 좁고 깊은 볼을, 크렘 파티시에를, 버터를 다른 재료와 섞기 위해 부드럽게 풀 때는 넓고 비교적 얕은 볼을 사용하면 더 빠르고 효율적으로 작업할 수 있다. 머랭이나 달걀 거품을 사용한 가벼운 반죽을 섞을 때는 한쪽 손으로 볼을 돌려가며 신속하게 작업하기 위해 무거운 유리볼보다 가벼운 스텐볼을 추천한다.

＊ 레시피 과정 사진에서 크림과 반죽의 상태가 잘 보이도록 투명한 유리볼을 사용하기도 했으나, 위 내용을 참고해 상황에 맞는 볼을 선택한다.

고운체

고운체는 밀가루, 전분, 코코아파우더처럼 입자가 고운 재료를 한 번 더 걸러 뭉침을 제거하는 도구다. 재료가 고르게 퍼지면서 다른 재료와 섞일 때 덩어리 없이 균일한 반죽을 만드는 데 도움이 된다.

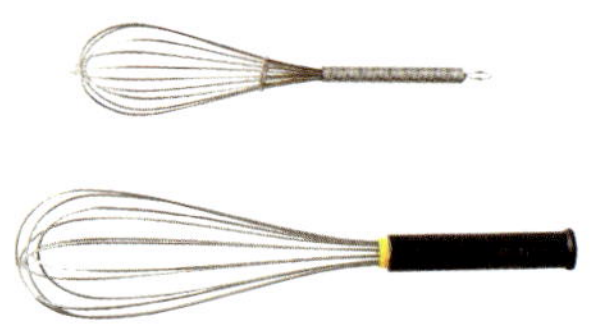

거품기

거품기는 큰 사이즈, 작은 사이즈를 갖추고 용도에 맞게 구분해 사용할 수 있다. 작은 거품기는 고운 가루류의 뭉친 것을 풀 때, 작은 냄비에서 잼이나 콩피추르 등을 끓이는 과정에서 눌어붙지 않도록 저을 때 사용하면 편리하며, 큰 거품기는 머랭, 달걀 거품 등이 들어간 가벼운 반죽을 빠르게 섞을 때나 적은 양의 크림을 휘핑할 때 사용하기 좋다. 휘핑에 사용할 경우, 거품기의 살이 가늘고 개수가 많을수록 거품의 입자를 조밀하게 올릴 수 있다.

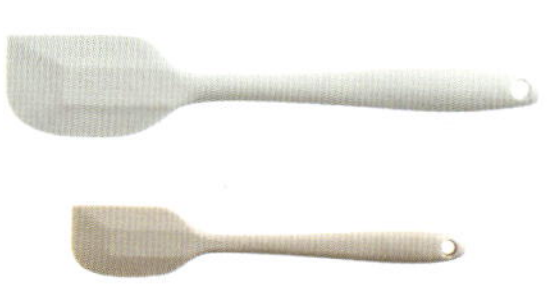

주걱

작업 시 사용하는 용기, 볼의 크기나 작업이 요하는 섬세함에 따라 골라 사용할 수 있도록 큰 사이즈, 작은 사이즈를 모두 준비한다. 크림과 반죽을 섞을 때는 주걱 끝이 너무 부드러운 것보다는 단단하고 힘이 있는 것을 사용하여 빠르게 작업하는 것이 좋다.

스패튤러

크림을 바르거나 재료를 옮길 때 사용하는 도구다. 큰 사이즈의 스패튤러는 크림을 넓고 고르게 펼치거나 케이크 시트를 들어 옮길 때 주로 사용하며, 작은 사이즈는 메뉴 속 세부 요소를 옮기고 다루는 데 적합하다. 작업 크기와 목적에 맞게 선택하면 완성도와 작업 효율을 함께 높일 수 있다.

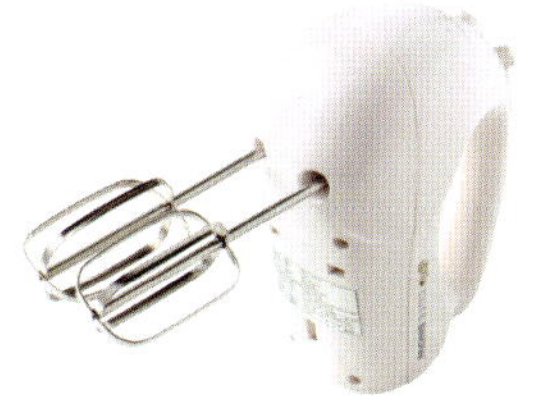

핸드믹서

크렘 샹티이를 만들 때, 버터를
크림이나 반죽에 사용하기 위해
부드럽게 풀 때, 머랭을 만들거나
달걀 거품을 낼 때 유용하다.
보다 섬세한 작업을 위해 고속보다는
중속, 저속으로 가동하는 것을
추천한다. 신속한 작업을 위해
탈부착이 가능한 휘핑 팁을 여러 세트
구비하고 있으면 편리하다.

핸드블렌더

칼날을 빠르게 회전시켜 재료를
분쇄하는 도구로 가나슈 몽테를
만들 때 초콜릿과 생크림을
섞은 후 유화시키는 단계에서
반드시 필요하다. 가나슈 몽테
작업 중 분리가 발생한 상황에서도
핸드블렌더로 빠르게 조치할 수 있다.
유화 단계에서 불필요한 거품이
발생하지 않도록 작동 전
핸드블렌더의 끝을 완전히 크림에
담그고 작동을 시작하며,
작동 중에도 크림에 여러 번 담갔다
꺼냈다 하기보다는 담근 채로
끝까지 작업하는 것이 좋다.

테프론시트

열에 강한 코팅 소재로 만든
제과용 베이킹 시트로 오븐팬에
깔아 그 위에 반죽을 올린 후
굽는다. 반죽이나 설탕, 캐러멜이
달라붙지 않아 작업을 깔끔하고
안정적으로 할 수 있다.
물과 세제로 깨끗이 세척한 후
잘 건조시키면 반복 사용이 가능해
실용성이 높다. 케이크팬 크기에
맞게 재단해 유산지나 이형제 대신
사용할 수도 있다.

타공매트

표면에 촘촘한 구멍이 있는 실리콘
또는 섬유 소재의 제과용 매트다.
구멍 사이로 열과 수분이 고르게
빠져나가 바닥면까지 균일하게 굽는
데 도움이 된다. 타르트, 쿠키, 슈처럼
바삭한 식감이 중요한 제과에서
바닥의 눅눅함을 줄이는 데 효과적이다.

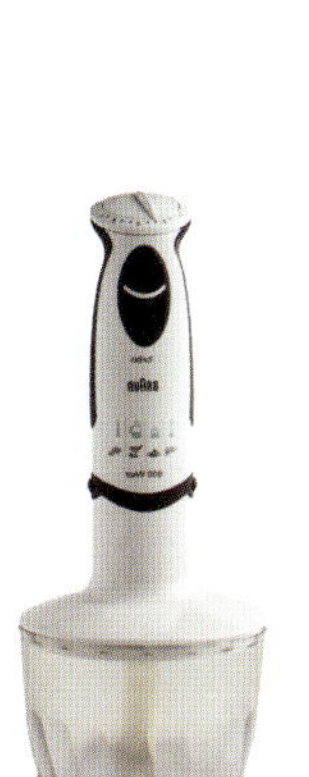

푸드프로세서

재료를 갈 때 사용하는 도구로
크럼블 반죽, 파이 반죽이나
홈메이드 프랄린을 만들 때 활용한다.

한 끗 다른 크림과 디저트를 위한 재료

과일 퓌레

과일을 갈아 첨가물 없이 냉동한 제품을 사용한다. 과일의 맛과 향, 수분의 양이
계절마다, 개체마다 달라 제품을 만들 때 발생하는 변수를 최소화하기 위해
퓌레를 사용한다. 퓌레가 없다면 과일을 직접 곱게 갈아 쓸 수 있다(33쪽 참고).
추천 제품 아다망스 냉동 퓌레, 브와롱 냉동 퓌레

리큐르

크림에 향과 여운을 남길 수 있는 재료로 리큐르를 활용한다. 첨가한 리큐르에 따라
크림의 개성이 달라지며, 디저트 맛에 킥을 주는 포인트가 되고,
크림의 맛에 산뜻함을 더해 느끼함을 덜어주는 재료가 되기도 한다.
크렘 샹티이에 사용할 경우 생크림 중량의 1~3% 정도 사용한다.

바닐라빈 · 바닐라 익스트랙 · 바닐라 설탕

크림과 디저트에 부드럽고 달콤한 바닐라 향을 더해 달걀이나 유제품의 잡내를
정돈하며, 맛을 한 단계 끌어올리는 역할을 한다. 씨와 껍질을 함께 사용해
깊은 향을 직접 우려내 사용하는 바닐라빈, 소량으로 향을 균일하게 더하는 바닐라
익스트랙, 단맛과 향을 함께 더하는 바닐라 설탕은 용도에 맞게 선택해 사용한다.

젤라틴

응고력이 200Bloom인 제과용 젤라틴을 사용한다.
가루 형태, 판 형태 중 어느 것을 사용해도 좋으며, 사용의 편리성을 위해
젤라틴매스를 만들어두고 사용하는 것이 일반적이다.

젤라틴매스 만들기 / 냉장 보관 5일

1 볼에 가루 젤라틴, 찬물을 1 : 5 비율로 넣고 전자레인지에 20~30초씩 끊어가며
  돌린 후 덩어리 없이 완전히 섞는다.
  ＊ 판 젤라틴을 사용할 경우 젤라틴의 5배 만큼의 찬물에 10분간 불린 후
  전자레인지에 녹인다.
2 평평한 형태의 트레이나 밀폐용기에 담아 냉장실에 넣고 굳힌다.
3 완전히 굳은 후 작은 큐브 형태로 잘라 밀폐 용기에 넣어 냉장 보관한다.

이 책의 레시피 구성

1 메뉴 소개

메뉴의 유래나 원형, 크림과 함께
디저트 속 요소를 구성할 때
어떤 것을 고려했는지 등
레시피를 보기 전 미리 알아두면
유용한 내용이 담겨 있습니다.
메뉴를 고를 때 참고하세요.

2 한눈에 보이는 구성 요소와 재료

메뉴를 구성하는 요소를 하나하나 보여주어
무엇을 만들어 조합하는지 한눈에 보이도록
했습니다. 그때그때 찾기 쉽도록 재료를
사용 순서대로 넣었으니 작업 도중 재료를
확인할 때에도 헤매지 않을 수 있을 거예요.

3 이 크림을 활용해도 좋아요!

같은 메뉴에 책 속 다른 크림을
응용해 색다른 조화로 즐기는
방법을 제안했어요.
한 가지 레시피를 최대 6가지
조합으로 만들어보세요.

4 소요 시간 · 분량 · 작업 순서 기재

메뉴를 만드는 데 걸리는 시간과
레시피를 따라 만들면 완성되는
분량, 작업 순서를 상세하게
적었습니다. 작업 전 미리 읽고
준비해보세요.

85

＊ 이 책에서는 크렘 샹티이, 버터 크림 등 일부 용어를 영어·불어로 혼용해 표기했습니다.
독자들이 이해하기 쉽도록 선택한 표기이니 착오 없으시길 바랍니다.
＊ 레시피 속 오븐의 굽기 온도와 시간은 컨벡션오븐을 기준으로 안내했습니다.

5 구성 요소별 분류 표기

만드는 과정을 따라가기 쉽도록
메뉴 속 구성 요소별로 과정을 나눠 기재했으며,
필요한 경우 보관 방법도 함께 안내했습니다.

6 상세한 과정 사진

제과 초보자들도
그대로 따라 할 수 있도록
매 과정마다 사진과
자세한 설명을 담았습니다.

7 포인트 사진 추가

크림이나 반죽의 질감 또는
낯선 도구를 한눈에
알아볼 수 있도록 포인트 사진을
추가했습니다. 작업 중 상태를
판단할 때, 낯선 도구의 형태가
궁금할 때 참고하세요.

Crème Chantilly
Crème Pâtissière

크렘 샹티이·크렘 파티시에르를 활용한 퍼펙트 크림 디저트

다양한 음식을 먹을 때 음식에 어울리는 음료를 곁들이듯,
디저트를 떠올릴 때도 자연스럽게 연상되는 텍스처와 크림의 농도가 있습니다.
이러한 기준을 바탕으로 크림의 타입을 정하고, 그에 맞는 레시피로
메뉴를 구성했습니다. 바삭한 스콘에는 클로티드 크림에서 연상한 크림을,
식사로 즐기기 좋은 메뉴에는 약간 짭짤한 크림을 더하는 등
익숙한 조합을 약간 비틀어 접근하면서도, 실패 확률을 낮추기 위해
맛과 형태를 안정적으로 유지할 수 있는 레시피로 구성해봤으니
누구나 흥미롭게 다가가고, 쉽게 시도할 수 있을 것이라 믿습니다.

✳ 메뉴에 사용한 크림 레시피 중에는 '퍼펙트 크림의 모든 것' 챕터에서 앞서 소개한 기본 비율과 다른 배합으로
만든 것도 있습니다. 이는 각 메뉴의 전체적인 맛과 식감의 균형을 고려해 조정한 것이므로 참고 바랍니다.

엔젤 스콘 with 밀크잼 크렘 샹티이

휘핑한 생크림을 반죽에 더해 가벼우면서 유지방의 고소한 풍미가 진한 스콘 레시피를 소개합니다.

거기에 달콤한 바닐라 향과 우유의 고소함이 진하게 더해진 밀크잼 크렘 샹티이,

상큼한 딸기 콩피추르를 곁들여 누구나 기분 좋게 맛볼 수 있도록 밸런스를 맞췄습니다.

스콘
- 차가운 버터 90g
- 설탕 40g
- 소금 2.3g
- 중력분 270g
- 베이킹파우더 12g
- 달걀 40g
- 생크림 100g
- 레몬 제스트 6g
- 생크림(굽기용) 약간

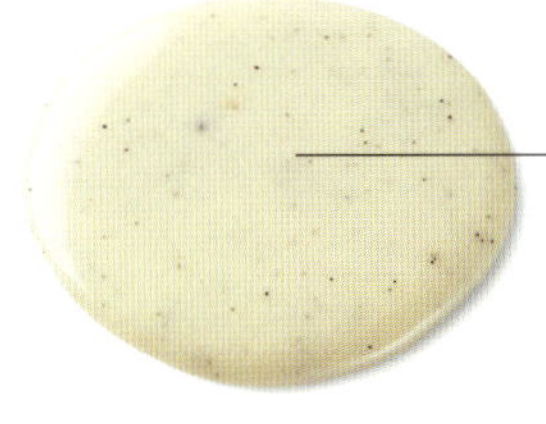

밀크잼
- 우유 175g
- 생크림 50g
- 설탕 30g
- 바닐라빈 1/4개

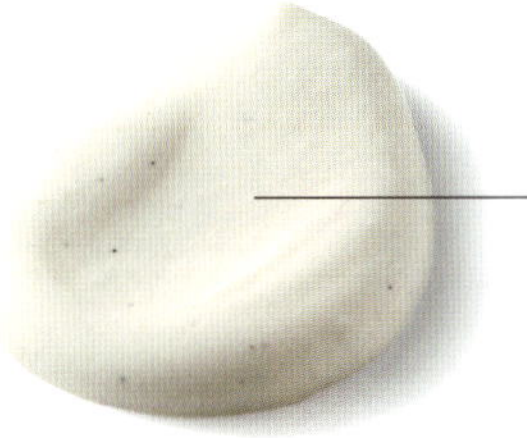

밀크잼 크렘 샹티이
- 생크림 100g
- 밀크잼 20g ◂

이 크림을 활용해도 좋아요!
- 피넛 크렘 샹티이(35쪽)
- 말차 크렘 샹티이(37쪽)
- 아메리칸 버터 크림(61쪽)
- 바닐라 가나슈 몽테(70쪽)
- 유자 · 라즈베리 이탈리안 버터 크림(178쪽)

딸기 콩피추르
- 딸기 퓌레 90g
- 레몬즙 5g
- 설탕 20g
- NH펙틴 2g
  * 32쪽 참고

소요 시간 /	약 1시간 30분 (+ 반죽 냉장 휴지 1시간)
분량 /	지름 10cm 원형 스콘 6개분
작업 순서 /	밀크잼 만들기 → 딸기 콩피추르 만들기 → 스콘 반죽하기 · 굽기 → 크림 만들기(밀크잼 크렘 샹티이) → 접시에 담기

밀크잼　냉장 보관 15일

1

냄비에 모든 재료를 넣고 약한 불에서 계속 저어가며 끓인다.
질감이 조금 걸쭉해지면서 냄비 벽면에 진득한 막이 생길 때까지 약 20분간 끓인다.
✳ 계속 젓지 않으면 바닥이 눌어붙어 맛과 색이 깔끔하게 나오지 않으니 주의한다.
✳ 벽면에 붙은 막을 긁어냈을 때 부드럽게 뭉치는 정도면 가열을 멈춰도 좋다.
잼이 너무 묽으면 생크림과 섞었을 때 수분이 빠져나와 분리될 수 있고,
지나치게 되직하면 생크림과 잘 섞이지 않아 덩어리가 남을 수 있다.
식었을 때 시판 연유보다 약간 묽거나 비슷한 농도가 되면 적당하다.

딸기 콩피추르　냉장 보관 15일

2　　3

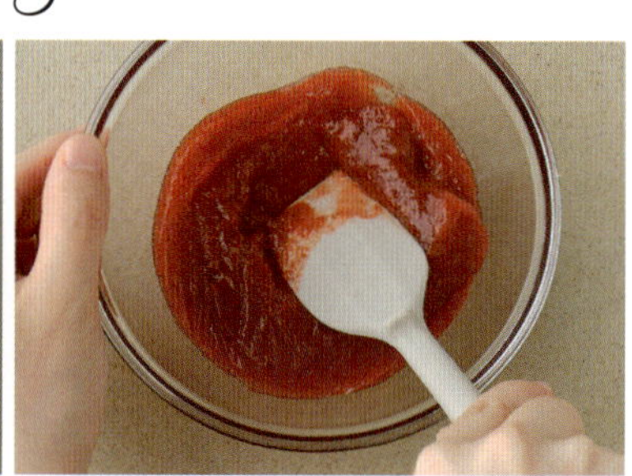

Confiture

✳ **콩피추르**

과일과 설탕을 천천히 졸여
과일의 맛과 향을 살린 프랑스식
잼. 이 레시피에서는 퓌레를
끓인 후 펙틴과 섞어 부드럽게
바를 수 있는 질감의 콩피추르를
완성했다.

냄비에 딸기 퓌레, 레몬즙을 넣고
약한 불에서 가열한다. 온도가
40℃까지 오르면 설탕, NH펙틴을
넣고 잘 섞은 후 끓기 시작하면 1분간
끓인다.
✳ 설탕, NH펙틴은 미리 잘 섞어둔다.
✳ 1분간 더 끓이면 펙틴이
활성화되어 완성 후 적당히 굳는다.

불을 끄고 볼로 옮겨 차게 식힌다.
냉장 보관한 후 주걱으로 부드럽게
풀어서 사용한다.

4

푸드프로세서에 차가운 버터, 설탕, 소금, 중력분, 베이킹파우더를 넣는다.
30분 이상 냉동 보관한 후 버터 입자의 크기가 4~5mm가 될 때까지
2~3초씩 끊어가며 갈고, 다시 냉동 보관한다.
✳ 재료를 갈기 전후에 냉동 보관하면 버터 입자가 쉽게 물러지지 않아
바삭한 스콘을 완성할 수 있다.

5

생크림(100g)은 핸드믹서 중속에서
뿔이 단단하게 생길 때까지 휘핑한다.

6

볼에 ④의 반죽, ⑤의 휘핑한 생크림, 달걀을 넣고
주걱으로 가르듯이 가볍게 섞는다.
✳ 치대듯 뭉치면 가벼운 식감으로 완성할 수 없으니 주의한다.

7

반쯤 섞였을 때 레몬 제스트를 넣고
함께 섞는다. 고슬고슬한 질감으로
마무리한 후 1시간 동안 냉장 휴지한다.

 스콘

8

반죽을 약 95g씩 6등분해 작은 덩어리들이
살짝 뭉쳐질 정도로 가볍게 모양을 잡는다.
＊ 이 단계를 시작하기 20분 전에 오븐을 180℃로 예열한다.

9

오븐팬에 종이포일을 깔고
반죽을 적당한 간격으로 올린 후
붓으로 반죽 윗면에 생크림(약간)을
가볍게 바른다.

10

180℃로 예열한 컨벡션오븐에
18~20분간 굽는다.

밀크잼 크렘 샹티이　냉장 보관 2일

11

볼에 생크림, 밀크잼을 넣고
가볍게 섞은 후 핸드믹서 저속으로
뿔이 생기기 전의 부드러운
상태까지 휘핑한다.

마무리

12

접시에 스콘, 밀크잼 크렘 샹티이,
딸기 콩피추르를 먹기 좋게 담는다.
✱ 기호에 따라 크렘 디플로매트
마일드(133쪽)를 곁들이면 더욱
풍부한 맛을 즐길 수 있다.

마살라차이 오렌지 팬케이크 with 마살라차이 크렘 샹티이

마살라차이^{Masala Chai}는 홍차에 우유와 설탕, 시나몬, 카다멈, 생강, 정향 등 여러 향신료를 넣고 끓인
인도식 밀크티로 향신료를 즐기는 사람들 사이에서 큰 사랑을 받고 있습니다. 존재감이 강하고 따뜻한 느낌이 있는
마살라차이에 오렌지 제스트를 더하면 향긋함이 살아나는데, 그런 느낌을 부드러운 팬케이크에 담아냈습니다.
향신료를 즐기지 않는다면 마살라차이 대신 얼그레이를 활용해보세요.

팬케이크
- 중력분 135g
- 베이킹파우더 7g
- 우유 140g
- 달걀 50g
- 그릭요거트 70g
- 설탕 24g
- 소금 1g
- 바닐라 익스트랙 3g
- 녹인 버터 30g
- 버터(굽기용) 약간

마살라차이 밀크잼
- 우유 100g
- 마살라차이 찻잎 4g
  (또는 얼그레이 찻잎)
- 설탕 18g

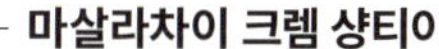

마살라차이 크렘 샹티이
- 생크림 132g
- 마스카포네치즈 24g
- 설탕 13g
- 마살라차이 밀크잼 18g ◀

이 크림을 활용해도 좋아요!
- 크림치즈 크렘 샹티이(22쪽)
- 피스타치오 크렘 샹티이(34쪽)
- 초콜릿 크렘 파티시에르(48쪽)
- 코코넛 가나슈 몽테(70쪽)
- 얼그레이 가나슈 몽테(232쪽)

오렌지 캐러멜 소스
- 오렌지 1개
- 오렌지즙 90g
- 오렌지 제스트 4g
- 설탕 25g
- 버터 10g
- 그랑 마르니에 12g
  (또는 쿠앵트로, 트리플섹, 생략 가능)

소요 시간	/	약 1시간 20분
분량	/	지름 12cm 팬케이크 4장 분량
작업 순서	/	마살라차이 밀크잼 만들기 → 크림 만들기(마살라차이 크렘 샹티이)
		→ 오렌지 캐러멜 소스 만들기 → 팬케이크 반죽하기·굽기 → 조합하기·접시에 담기

마살라 차이 밀크잼   냉장 보관 15일

1

냄비에 우유, 마살라차이 찻잎을
넣고 중간 불에서 3~4분간
가열한다. 끓어오르면 불을 끄고
30분 이상 그대로 두어 향을
충분히 우린다.

2

고운체로 찻잎을 걸러낸다.

3

냄비에 ②, 설탕을 함께 넣고 약한 불에서
계속 저어가며 끓인다. 질감이 조금
걸쭉해지면서 냄비 벽면에 진득한 막이
생길 때까지 약 15~20분간 끓인다.
* 열탕 소독한 용기에 담아 보관한다.
* 벽면에 붙은 막을 긁어냈을 때
부드럽게 뭉치는 정도면 가열을 멈춰도
좋다. 잼이 너무 묽으면 생크림과
섞었을 때 수분이 빠져나와 분리될 수
있고, 지나치게 되직하면 생크림과
잘 섞이지 않아 덩어리가 남을 수 있다.
식었을 때 부드럽게 잘 발리는 정도의
농도가 되면 적당하다.
* 남은 마살라차이 밀크잼은 뜨거운
우유에 섞어 음료로 즐겨도 좋다.

마살라 차이 크렘 샹티이 냉장 보관 2일

4

볼에 모든 재료를 넣고 거품기로 가볍게
섞은 후 핸드믹서 저속으로 뿔이 생기기
전의 부드러운 상태까지 휘핑한다.
＊ 사용 전까지 냉장 보관하고,
사용 직전 거품기로 가볍게 섞어
결을 정리한다.

오렌지 캐러멜 소스

5

6

오렌지의 위아래를 잘라낸 후
칼을 세워 슬근슬근 움직여
과육과 껍질을 분리한다.
＊ 오렌지는 과즙이 풍부하고 단맛이
강한 카라카라오렌지를 추천한다.

칼날을 속껍질과 가깝게 브이(V)자
형태로 넣어 과육을 도려낸다.
오렌지 하나를 모두 동일하게 작업한다.
＊ 시트러스류 과일을 껍질 없이
연한 과육만 사용할 때 하는 작업으로,
세그먼트 Segment라고 부른다. 날이 잘 선
과도를 사용해야 과육이 으깨지거나
과즙이 줄줄 새지 않고 깔끔하게 잘린다.

오렌지 캐러멜 소스

7

팬에 오렌지즙, 오렌지 제스트, 설탕,
버터를 넣고 중간 불에서 5분간
가열한 후 불을 끈다.

8

그랑 마르니에를 넣고 불을 붙여
알코올을 날린다.
＊ 팬에 붙은 불꽃이 잘 보이지 않으니
화상을 입지 않도록 각별히 주의한다.
＊ 그랑 마르니에는 향을 더하는 재료로,
알코올에 예민한 경우 생략하거나
약간의 바닐라빈 씨를 더해도 좋다.

9

소스가 한 김 식으면 ⑥의
오렌지 과육을 넣고 가볍게 섞는다.

10

볼에 우유, 달걀, 그릭요거트,
설탕, 소금, 바닐라 익스트랙을 넣고
거품기로 살살 푼다.

11

함께 체 친 중력분, 베이킹파우더를 ⑩에 넣고 날가루 뭉친 것이 없어질 때까지
섞은 후 녹인 버터(30g)를 넣고 마저 섞는다.

팬케이크

12

반죽을 체에 내린다.

13

중간 불로 달군 팬에 버터(약간)를
녹이고 키친타월로 닦아낸다.
＊ 바닥 지름이 15cm 정도 되는
작은 팬을 사용한다.

14

잠시 불을 끄고 국자로 반죽을 떠
팬닝한다. 다시 불을 켜
약한 불에서 반죽 가장자리가
반투명하게 익고 윗면에 기포가
조금씩 올라오면 바닥면의 구움색을
확인하고 뒤집는다.

15

30~40초 후 바닥면의 구움색을
확인하고 접시에 옮겨 담는다.

16

마살라차이 크렘 샹티이를 거품기로
조금 더 단단하게 휘핑한다.
팬케이크 윗면에 마살라차이 밀크잼을
얇게 펴 바른 후 마살라차이 크렘
샹티이를 적당량 올려 펴 바른다.

17

다시 팬케이크를 얹어 동일한 순서로
마살라차이 밀크잼, 마살라차이 크렘
샹티이를 올린다. 원하는 만큼의 층을
쌓아 올린 후 맨 위에는 ⑨의 과육을
토핑으로 올리고 소스를 듬뿍 뿌려
완성한다.
＊ 기호에 따라 크렘 디플로매트
인텐스(241쪽)를 곁들이면 더욱 풍부한
맛을 즐길 수 있다.

요크셔푸딩 with 레몬 딜 세이버리 크렘 샹티이

요크셔푸딩Yorkshire pudding은 밀가루, 우유, 달걀 등으로 만든 반죽을 뜨겁게 달군 팬에 부어 굽는 영국 전통요리입니다.
반죽과 팬의 온도차 때문에 높게 부풀어 오르며, 가벼우면서도 쫄깃한 식감이 특징입니다. 흔히 고기의 풍미가 진한
그레이비 소스를 곁들이지만, 상큼하면서도 기분 좋은 짠맛을 지닌 세이버리 크렘 샹티이를 더해 산뜻하게 즐겨보세요.

요크셔푸딩

- 달걀 60g
- 설탕 14g
- 소금 1.2g
- 우유 174g
- 중력분 72g
- 올리브오일(굽기용) 60g

매시드 포테이토

- 삶은 감자 110g
- 소금 0.4g
- 버터 6g
- 사워크림 6g
- 우유 12g
- 건조 파슬리 약간
- 통후추 간 것 약간

레몬 딜 세이버리 크렘 샹티이

- 크림치즈 32g
- 설탕 12g
- UHT크림 120g(또는 일반 생크림)
- 사워크림 15g
- 소금 0.4g
- 레몬즙 5g
- 레몬 제스트 0.5g
- 딜 다진 것 1줄기 분량

이 크림을 활용해도 좋아요!

- 그릭요거트 크렘 샹티이(24쪽)
- 프로마주블랑 크렘 샹티이(24쪽)
- 사워 크렘 샹티이(25쪽)

곁들임

- 와일드루꼴라 약간

소요 시간 /	약 1시간 20분(+ 반죽 냉장 휴지 12~24시간)
분량 /	지름 7cm × 높이 5cm 6개 분량
작업 순서 /	요크셔푸딩 반죽하기 → 매시드 포테이토 만들기 → 크림 만들기(레몬 딜 세이버리 크렘 샹티이) → 요크셔푸딩 굽기 → 조합하기·접시에 담기

요크셔푸딩 반죽

1

볼에 달걀을 넣고 거품기로
가볍게 푼 후 설탕, 소금을 넣고
잘 섞어 완전히 녹인다.
✱ 달걀에 거품이 나지 않도록
천천히 섞어야 거품이 과하게
생기지 않아 반죽이 안정적으로
완성된다.

2

우유, 체 친 중력분을 1/2 분량씩 번갈아가며 넣고 거품기로 살살 섞어
덩어리지지 않게 푼다.

3

반죽을 고운 체에 거른 후 밀폐 용기에
넣어 12~24시간 냉장 휴지시킨다.
✱ 반죽을 충분히 냉장 휴지하지 않으면
구웠을 때 형태가 불안정하고, 크게
부풀지 않는다.

4

껍질을 벗긴 감자를 6등분해
부드러워질 때까지 삶는다.
✻ 감자는 포슬포슬하고 단맛이 나는
여름철의 홍감자를 추천한다.

5

감자를 건져 볼에 담는다.
뜨거울 때 포테이토 매셔 또는
포크를 사용해 완전히 으깬다.

6

감자가 따뜻할 때 소금, 버터, 사워크림,
우유, 건조 파슬리, 통후추 간 것을 넣고
버터를 녹여가며 섞는다.
완성 후 지름 1.5cm 원형 깍지를
끼운 짤주머니에 담아둔다.
✻ 우유는 부드러운 질감을 위해
넣는 것으로 감자의 상태에 따라
양을 조절해도 좋다. 기호에 따라
설탕 5g을 더해도 좋다.
✻ 고운체에 2번 내리면 아주 매끄러운
질감으로 완성할 수 있다.

 레몬 딜 세이버리 크렘 샹티이   냉장 보관 2일

7

8

크림치즈를 주걱으로
부드럽게 풀고 설탕을 넣어
잘 섞는다.

사워크림, 소금, 레몬즙, 레몬 제스트, 딜 다진 것을 넣고,
생크림을 조금씩 나눠 넣어가며 주걱으로 잘 저어 덩어리 없이 푼 후
마요네즈 같은 질감이 될 때까지 핸드믹서 저속으로 휘핑한다.
✻ 따뜻하게 즐기는 요크셔푸딩의 특성상 곁들이는 크렘 샹티이용으로
형태 유지력이 좋은 UHT 생크림을 사용할 것을 추천한다.
✻ 레몬즙이 들어가 조금만 휘핑해도 크림이 금방 뻑뻑해지므로
거품기로 질감을 확인해가며 휘핑해도 좋다.
✻ 레몬으로 산미를 더해 약간 짭짤한 매시드 포테이토와 잘 어울린다.

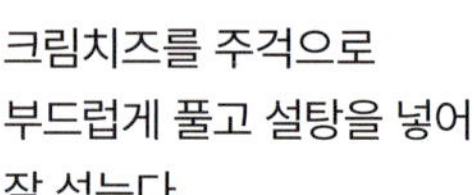 요크셔푸딩 굽기

9

10

11

컵케이크 팬이나 원형 내열용기에
올리브오일(굽기용)을 10g씩 담아
붓으로 팬 위쪽까지 고르게 펴 바른다.
예열한 오븐에 넣어 10~15분간
팬을 달군다.
✻ 반죽을 튀기듯이 굽기 때문에
넉넉한 양의 올리브오일을 바른다.
✻ 이 단계의 20분 전에 오븐을
180℃로 예열한다.

냉장 휴지 중 층이 생긴 반죽을
주걱으로 바닥을 긁어가며
아래위로 잘 섞는다.

컵케이크 팬을 오븐에서 꺼내
반죽을 50g씩 채운다.
✻ 팬이 식지 않게 빠르게 작업한다.
✻ 뜨거운 팬을 저울에 올릴 수
없으므로 반죽이 담긴 용기를 저울에
올려 무게를 잰다.
✻ 찬 반죽이 뜨거운 올리브오일에
닿아 반죽 속 수분이 빠르게 팽창하여
바삭한 껍질이 형성된다.

12

180°C로 예열된 컨벡션오븐에 30~35분간 굽는다.

＊ 굽는 도중에 오븐 문을 열면 반죽이 제대로 부풀지 않고 꺼질 수 있다.

＊ 우유가 많이 들어간 반죽이기 때문에 유당이 캐러멜라이즈되어 구움색이 진하게 난다.

＊ 먹기 전 바로 굽는 것이 맛과 향, 식감 면에서 좋지만, 미리 구워됐다면 냉동했다가 자연 해동해 170~180°C에서 8~9분간 구워 최대한 금방 구운 듯한 맛을 낸다.

마무리

13

요크셔푸딩 위에 매시드 포테이토를 짠다. 접시에 요크셔푸딩, 와일드루꼴라를 올리고 한쪽에 레몬 딜 세이버리 크렘 샹티이를 스푼으로 떠 함께 올린다.

＊ 메이플시럽, 핑크페퍼콘을 뿌려도 잘 어울린다. 슬라이스한 치즈, 당근라페, 프로슈토 등을 곁들여 간단한 식사 메뉴로 즐겨도 좋다.

코코넛 망고 베린 with 망고 크림치즈 크렘 샹티이

여름에 즐기기 좋은 가볍고 시원한 컵 디저트, 베린^{Verrine}.
열대의 맛을 한껏 느낄 수 있는 코코넛, 망고의 클래식한 조합으로 완성했습니다.
크리미한 코코넛 판나코타, 크림과 즐레 두 가지 방식으로 진하게 담은 망고, 바삭한 크럼블까지
차곡차곡 쌓아 올린 맛과 향, 식감의 조화를 느껴보세요.

코코넛 판나코타

- 코코넛 밀크 115g
- 라임 제스트 0.8g
- 생크림A 62g
- 실온에 둔 플레인 요거트 78g
- 젤라틴매스 17g
  * 만들기 83쪽
- 설탕 28g
- 차가운 생크림B 62g

코코넛 크럼블

- 박력분 14g
- 코코넛가루 8g
- 아몬드가루 4g
- 버터 14g
- 카소나드 14g
  (또는 라이트 머스코바도)
- 소금 0.5g

망고 즐레

- 망고 퓌레 108g
- 오렌지즙 29g
- 레몬즙 5g
- 설탕 17g
- 젤라틴매스 13g
  * 만들기 83쪽

망고 크림치즈 크렘 샹티이

- 실온에 둔 크림치즈 22g
- 차가운 생크림 74g
- 설탕 16g
- ➤ 망고 콩피추르 27g

망고 콩피추르

- 망고 퓌레 90g
- 라임즙 8g
- 설탕 20g
- NH펙틴 2g
  * 32쪽 참고

토핑 · 장식

- 망고 2개
- 라임 슬라이스 약간
- 애플민트잎 약간

이 크림을 활용해도 좋아요!

- 크림치즈 크렘 샹티이(22쪽)
- 머랭 크렘 샹티이(38쪽)
- 바질 가나슈 몽테(70쪽)
- 크렘 디플로매트 마일드(215쪽)

소요 시간 /	약 1시간 40분(+ 크럼블 냉동 휴지 24시간, 판나코타 · 즐레 굳히기 5시간)
분량 /	지름 7cm, 높이 7cm 원형 컵 5개 분량
작업 순서 /	코코넛 크럼블 반죽하기 → 코코넛 판나코타 만들기 → 망고 즐레 만들기 → 코코넛 크럼블 굽기 → 크림 만들기(망고 크림치즈 크렘 샹티이) → 조합하기

코코넛 크럼블 반죽하기 냉장 보관 7일

1

푸드프로세서에 모든 재료를 넣고
짧게 끊어가며 간다.
입자가 작은 덩어리가 되면 넓게 펼쳐
냉동에서 24시간 휴지시킨다.
＊ 굽기 전·후 모두 단단히 밀봉하면
일주일간 냉동 보관할 수 있다.

코코넛 판나코타

2

냄비에 코코넛 밀크, 생크림A(62g),
라임 제스트를 넣고 약한 불에서
4~5분간 가열한다. 불을 끈 후 30분간
그대로 두어 향을 우려낸다.

코코넛 판나코타

3

②를 고운체에 거른 후 다시 냄비로 옮겨 약한 불로 가열한다.
온도가 60℃까지 오르면 젤라틴매스를 넣고 거품기로 잘 섞어
완전히 녹인다.

4

실온에 둔 플레인 요거트, 설탕을 넣어
섞는다. 설탕이 모두 녹으면
차가운 생크림B를 넣고 섞는다.

5

준비한 컵에 65g씩 채운 후
냉장에서 3시간 이상 굳힌다.
✱ 판나코타 반죽을 한꺼번에
붓기보다 벽면에 튀지 않도록
스푼으로 떠서 조금씩 용기에
채우는 것이 좋다.

6

7

Gelée

＊ 즐레

액체를 젤라틴이나 펙틴으로
굳혀 젤리처럼 만든 것

냄비에 망고 퓌레, 오렌지즙, 레몬즙,
설탕을 넣고 약한 불에서 가열한다.
온도가 60℃까지 오르면 불을 끄고
젤라틴매스를 넣고 녹인다.

⑤의 코코넛 판나코타 위에
망고 즐레 35g을 채우고
다시 냉장에서 2시간 이상 굳힌다.

코코넛 크럼블 굽기

8

오븐팬에 코코넛 크럼블 반죽을
팬닝하고 140~150℃로 예열한
컨벡션오븐에서 15~18분간
먹음직스러운 갈색이 되도록 구운 후
완전히 식힌다.

＊ 이 단계를 시작하기 20분 전에
오븐을 150℃로 예열한다.

망고 크림치즈 크렘 샹티이 냉장 보관 1일

9

냄비에 망고 퓌레, 라임즙을 넣고
중간 불에서 온도를 40℃까지 올린다.
설탕(20g), NH펙틴을 넣고 중간
불에서 가열해 전체적으로 부글부글
끓으면 1분 더 끓인 후 불을 끈다.
볼로 옮겨 담은 후 완전히 식혀 망고
콩피추르를 만든다.
＊ 설탕, NH펙틴은 미리 잘 섞어둔다.

10

볼에 실온에 둔 크림치즈를 넣고
주걱으로 부드럽게 푼 후
설탕을 넣고 덩어리 없이 섞는다.

11

차가운 생크림을 조금씩 넣으면서
잘 섞은 후 핸드믹서 저속으로
단단해질 때까지 휘핑한다.

12

⑨의 망고 콩피추르를 부드럽게 풀고
⑪의 크림에 넣고 섞어
망고 크림치즈 크렘 샹티이를 완성한다.
지름 1.3cm 원형 깍지를 끼운
짤주머니에 채워둔다.
＊ 국산 동물성 생크림 대신 UHT크림을
사용하면 형태 유지력이 좋아져
케이크 아이싱용으로도 활용할 수 있다.
＊ 망고 콩피추르를 넣어 섞은 후에는
추가로 휘핑하지 않는다.

13

망고는 씨에 칼을 가깝게 대고
과육을 자른 후 얇게 슬라이스해
부채처럼 비스듬히 펼친다.

14

컵 안쪽 벽에 망고를 붙여 세우고,
망고 즐레 위에 망고 크림치즈 크렘
샹티이를 봉긋하게 짠다.
코코넛 크럼블, 라임 슬라이스,
애플민트 잎으로 장식해 완성한다.
＊ 망고는 갈변이 빠르므로
만든 당일 먹는 것을 추천한다.

캐러멜 스윗 펌킨 케이크 with 캐러멜 크렘 샹티이

구운 단호박의 농축된 맛을 담아 노릇하게 구운 케이크. 캐러멜 크렘 샹티이로 농후한 달콤함을,
설탕을 입힌 피칸으로 식감과 고소함을 더했습니다. 은은하게 퍼지는 따뜻한 향신료의 향 덕분에
가을, 겨울에 잘 어울리는 메뉴입니다.

스윗 펌킨 케이크

- 단호박 1~2개
- 중력분 125g
- 베이킹파우더 2g
- 베이킹소다 2g
- 실온에 둔 달걀 52g
- 사워크림 50g
- 황설탕 96g
- 녹인 버터 30g
- 식물성 오일 30g
  (포도씨오일, 해바라기씨오일 등)
- 소금 0.7g
- 시나몬파우더 1g
- 넛멕파우더 0.5g

크리스탈리제 피칸

- 피칸 40g
- 물 30g
- 설탕 90g

캐러멜 크렘 샹티이

- 생크림 128g
- 라이트 머스코바도 11g
- ▶ 캐러멜소스 42g

캐러멜 소스

- 설탕 50g
- 뜨거운 생크림 50g
- 소금 0.3g

이 크림을 활용해도 좋아요!

- 아메리칸 버터 크림(61쪽)
- 아몬드 프랄린 가나슈 몽테(75쪽)
- 토피 스위스 버터 크림(171쪽)
- 피칸 이탈리안 버터 크림(178쪽)
- 에그녹 저먼 버터 크림(193쪽)

장식

- 구운 피칸 약간

소요 시간	/	약 2시간(+ 케이크 냉장 숙성 12시간, 크림 냉장 휴지 6시간)
분량	/	18×12×5cm 직사각 무스링 1개 분량
작업 순서	/	스윗 펌킨 케이크 반죽하기·굽기 → 크림 만들기(캐러멜 크렘 샹티이) → 크리스탈리제 피칸 만들기 → 크림 휘핑하기 → 조합하기

스윗 펌킨 케이크

1

단호박은 4등분한 후 씨를 파내고
200℃로 예열한 컨벡션오븐에
25~30분간 굽는다.
＊ 단호박에 수분이 너무 많으면
반죽을 버터와 섞는 과정에서
분리될 수 있어 찌지 않고 구워
수분을 일부 증발시킨다.
특히 껍질이 위로 가게 구우면
수분을 효과적으로 날려
한층 더 진한 맛을 낼 수 있다.
＊ 단호박은 수분이 적고 달콤한 맛이
진한 미니 단호박, 또는 밤호박을
추천한다.

2

껍질을 벗겨 포크로 으깬 후
키친타월이나 면포로 물기를 제거하고
미지근하게 식힌다.
＊ 구운 후 껍질을 벗긴 단호박의
무게는 약 150g이다.

3

볼에 실온에 둔 달걀, 녹인 버터,
식물성 오일을 넣고 거품기로
잘 섞은 후 ②의 단호박, 사워크림,
갈색설탕, 소금을 넣고 섞는다.
* 올리브오일처럼 향이 강한 오일은
사용하지 않는다.
* 이 단계를 시작하기 20분 전에
오븐을 150°C로 예열한다.

4

함께 체 친 중력분, 베이킹파우더,
베이킹소다, 시나몬파우더,
넛멕파우더를 넣고 날가루 없이 섞어
반죽을 완성한다.

5

직사각형 무스링의 옆면, 바닥면에
유산지를 깔고, 오븐팬 위에
올린 후 반죽을 팬닝한다. 오븐팬을
잡고 바닥에 2~3회 가볍게 내려쳐서
큰 기포를 정리한다.

6

150°C로 예열한 컨벡션오븐에
35분간 굽는다.

 스윗 펌킨 케이크

7

직사각형 무스링과 유산지를 벗겨내고 식힘망에 뒤집어 올려
미지근하게 식힌다.

8

표면이 마르지 않도록 랩을 밀착시켜
덮고 밀폐 용기에 담아 12시간 이상
냉장 숙성시킨다.
* 윗면이 평평해지도록 뒤집어
트레이를 받쳐둔다.

 캐러멜 크렘 샹티이   냉장 보관 2일

9

냄비에 설탕(50g)을 넣고 약한 불에서
가열한다. 설탕이 모두 녹아 갈색이
되고 온도가 180~190℃까지 오르면
불을 끄고 60~80℃로 데운 뜨거운
생크림(50g)을 2번에 나눠 넣어가며
섞는다.

10

소금을 넣어 섞고 완전히 식혀
캐러멜 소스를 완성한다.

11

⑩의 캐러멜 소스에 생크림(128g),
라이트 머스코바도(11g)를 넣어
잘 섞은 후 랩을 표면에 밀착해 덮는다.
6시간 이상 냉장 휴지시킨다.
＊ 남은 캐러멜 소스는 냉장에서 7일간
보관 가능하다.

크리스탈리제 피칸　**실온 보관 7일**

Cristallisé

＊ **크리스탈리제**

프랑스어로 '결정화하다'라는
단어에서 온 말로, 제과에서는
설탕이 녹았다가 다시 결정 형태로
굳는 상태를 뜻한다.

12

피칸을 잘게 부순 후 170°C로
예열한 오븐에서 8~10분간 굽는다.

13

냄비에 물, 설탕을 넣고
중간 불에서 온도가 115°C까지
오를 때까지 가열한다.

크리스탈리제 피칸

14

불을 끄고 ⑫의 피칸을 넣어
나무주걱으로 빠르게 젓는다. 피칸에
하얗게 설탕 결정이 입혀지면 접시로
옮겨 넓게 펼친 후 실온에서 식힌다.
＊ 크리스탈리제 피칸은 방습제와 함께
밀폐 용기에 넣어 보관한다.

마무리

15

캐러멜 크림 샹티이를 핸드믹서
저속으로 뾰족한 뿔이 생길 만큼
단단하게 휘핑한다.

16

스윗 펌킨 케이크의 양쪽 옆면을
얇게 잘라낸다.
＊ 윗면이 평평하지 않으면
윗면도 함께 얇게 잘라 각을 맞춘다.

17

캐러멜 크림 샹티이를 케이크 위에
넉넉히 올리고 스패튤러를 사용해
케이크와 각을 맞춰 평평하게 정리한다.

18

스패튤러로 표면에 결을 만들어
장식한 후 냉장에 넣어 1시간 동안
크림을 굳힌다.

19

크리스탈리제 피칸, 구운 피칸을 올려
장식해 마무리한다.
＊ 크리스탈리제 피칸의
설탕 결정은 습기와 만나면
쉽게 눅눅해지므로 먹기 직전에
케이크에 올리는 것이 좋다.

가토 오 마롱 with 밤 크렘 샹티이, 머스코바도 크렘 샹티이

마롱 스프레드를 듬뿍 넣어 밤의 맛을 진하게 느낄 수 있는 케이크.
이것만으로도 좋지만, 밤과 잘 어울리는 두 가지 크림으로
풍미와 질감, 수분감을 더하면 케이크를 더 맛있게 즐길 수 있습니다.
밤과 카시스는 많은 셰프들이 사랑하는 조합인데,
카시스 쿨리 대신 오렌지 마멀레이드(159쪽)를 더해도 좋습니다.

모엘뢰 크렘 드 마롱

- 아몬드가루 80g
- 베이킹파우더 0.6g
- 실온에 둔 마롱 스프레드 250g
- 실온에 둔 버터 56g
- 실온에 둔 달걀노른자 38g
- 달걀흰자 72g
- 설탕 36g

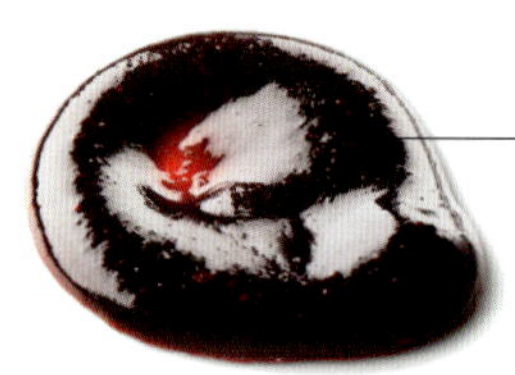

밤 크렘 샹티이

- UHT크림 105g
  (또는 일반 생크림)
- 마롱 스프레드 60g
- 황설탕 4g
- 다크럼 3g

이 크림을 활용해도 좋아요!

- 밤 가나슈 몽테(76쪽)
- 얼그레이 가나슈 몽테(232쪽)

머스코바도 크렘 샹티이

- 생크림 70g
- 마스카포네치즈 17g
- 라이트 머스코바도 8g

이 크림을 활용해도 좋아요!

- 카시스 크렘 샹티이(31쪽)

카시스 쿨리

- 카시스 퓌레 84g
- 설탕 28g

장식

- 마롱 글라세 약간(생략 가능)

소요 시간	약 1시간 20분(+ 케이크 냉장 숙성 12시간)
분량	18×12×5cm 직사각 무스링 1개 분량
작업 순서	모엘뢰 크렘 드 마롱 반죽하기 · 굽기 → 카시스 쿨리 만들기
	→ 크림 만들기(머스코바도 크렘 샹티이 · 밤 크렘 샹티이) → 조합하기

모엘뢰 크렘 드 마롱

Moelleux

✳ **모엘뢰**

프랑스어로 '부드러운', '폭신한'을
뜻하며, 음식이나 와인의 질감을
묘사하는 표현. 모엘뢰 크렘 드
마롱은 '마롱 스프레드가 들어간
부드러운 케이크'를 뜻한다.

1

볼에 마롱 스프레드, 버터를 넣고 핸드믹서 저속으로 부드럽게 풀고,
달걀노른자를 넣어 저속으로 전체적으로 섞일 때까지 휘핑한다.
✳ 이 단계를 시작하기 20분 전에 오븐을 150℃로 예열한다.

2

다른 볼에 달걀흰자를 넣고
핸드믹서 증속으로 휘핑한다.
전체적으로 거품이 일면
계속 휘핑하면서 설탕을 세 번에
나눠 넣으면서 뿔이 뾰족하게 서는
단단한 머랭을 만든다.

3

①의 반죽에 ②의 머랭과 함께
체 친 아몬드파우더, 베이킹파우더를
1/2 분량씩 번갈아가며 넣고 주걱으로
가볍게 섞어 반죽을 완성한다.
＊ 머랭과 가루 재료를 절반 분량씩
나눠 섞으면 섞을 때 머랭의 꺼짐이
덜하다.
＊ 머랭이 꺼지지 않도록 주의하여
가볍게 섞되, 머랭이나 가루가 뭉친
곳이 없도록 한다.

4

5

직사각형 무스링의 옆면, 바닥면에
유산지를 깔고, 오븐팬 위에 올린 후
반죽을 팬닝한다. 오븐팬을 잡고
바닥에 2~3회 가볍게 내려쳐서
큰 기포를 정리한다.

150℃로 예열한 컨벡션오븐에
20~25분간 굽는다.
＊ 전체적으로 옅은 갈색이 돌면
다 구워진 상태다. 구움색은 사진을
참고한다.

6

직사각형 무스링과 유산지를
벗겨내고 식힘망에 뒤집어 올려
미지근하게 식힌다.

7

표면이 마르지 않도록 랩을 밀착시켜
덮고 12시간 냉장 숙성시킨다.
✻ 윗면이 평평해지도록 뒤집어
트레이를 받쳐둔다.

카시스 쿨리 냉장 보관 7일

머스코바도 크렘 샹티이

Coulis

✻ **쿨리**

과일을 갈거나 과일 퓌레를
사용해 매끈하게 만든
묽은 소스. 가열하지 않거나
짧게 끓여 과일의 선명한 색과
산뜻한 향을 살린다.

8

냄비에 카시스 퓌레, 설탕을 넣고
약한 불에서 주걱으로 저어가며
가열한다. 팬 바닥을 주걱으로
긁었을 때 바로 흐르지 않고 자국이
선명하게 남으면 불을 끄고 식힌다.

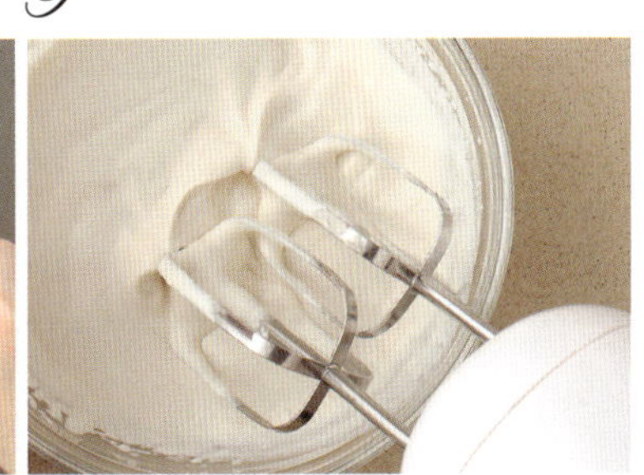

9

볼에 모든 재료를 넣고 거품기로
잘 풀어 섞는다. 랩을 씌워 1시간
냉장 보관한 후 핸드믹서 저속으로
부드러운 뿔이 생기는 정도까지 부드럽게
휘핑한다. 지름 1.3cm 원형 깍지를 끼운
짤주머니에 채워둔다.

밤 크렘 샹티이 냉장 보관 2일

10

볼에 모든 재료를 넣고 거품기로 잘 풀어 섞는다. 랩을 씌워 1시간 냉장 보관한 후 핸드믹서 저속으로 거품기 자국이 남는 정도까지 부드럽게 휘핑한다. 지름 1.3cm 원형 깍지를 끼운 짤주머니에 채워둔다.

＊ 마롱 스프레드가 들어간 크림은 밤 자체의 농도가 있어 크림을 뻑뻑하게 휘핑하지 않아도 된다.

＊ 마롱 스프레드처럼 고형분 함량이 높은 재료를 섞을 때 UHT크림을 사용하면 휘핑할 때 비교적 안정적인 구조를 유지할 수 있다.

마무리

11

모엘뢰 크렘 드 마롱의 옆면을 모두 얇게 잘라낸다.

＊ 윗면이 평평하지 않으면 윗면도 함께 얇게 잘라 각을 맞춘다.

12

밤 크렘 샹티이를 모엘뢰 크렘 드 마롱의 윗면에 불규칙한 크기로 군데군데 동그랗게 짜 올린다.

＊ 한 가지 크림만 짠 상태로 바닐라빈 파우더(또는 코코아파우더)를 고운체를 사용해서 뿌려 포인트를 줘도 좋다.

13

머스코바도 크렘 샹티이를
동그랗게 짜 올려 빈 공간을
채운다.

14

작은 스쿱을 뜨거운 물에 담가
따뜻하게 데운 후 물기를 닦아내고
동그랗게 짠 크림 중앙을 지그시
누르면서 지나가 홈을 만든다.

15

크림에 만든 홈 안에
카시스 쿨리를 채운 후
마롱 글라세 조각으로 장식한다.

트라이플 with 크렘 디플로매트 마일드, 머랭 크렘 샹티이

트라이플Triffle은 영국의 디저트로 다양한 과일과 크림을 차곡차곡 쌓아 만듭니다. 과일의 종류, 크림의 질감에 따라
다양한 맛으로 표현할 수 있는 디저트인데, 이 레시피에서는 마스카포네치즈를 더해 적당히 녹진한 디플로매트크림과
사르르 녹듯 가벼운 머랭 크렘 샹티이를 과즙이 풍부한 여러 가지 과일과 함께 조합해 밸런스를 맞췄습니다.

제누아즈

- 박력분 27g
- 아트레제 27g(또는 박력분)
- 달걀 120g
- 달걀노른자 48g
- 설탕 84g
- 녹인 버터 25g
- 우유 13g

크렘 디플로매트 마일드

- 크렘 파티시에르 240g
  * 만들기 42쪽
- 생크림 57g
- 마스카포네치즈 18g
- 설탕 7g
- 바닐라 익스트랙 3g

이 크림을 활용해도 좋아요!

- 망고 크림치즈 크렘 샹티이(110쪽)
- 프로마주 크렘 무슬린(142쪽)

머랭 크렘 샹티이

- 생크림 84g
- 달걀흰자 24g
- 설탕 24g
- 젤라틴매스 7g
  * 만들기 83쪽
- 그랑 마르니에 6g

이 크림을 활용해도 좋아요!

- 크림치즈 크렘 샹티이(22쪽)
- 꿀 크렘 샹티이(28쪽)
- 피스타치오 크렘 샹티이(34쪽)

2 : 1 시럽

- 설탕 30g
- 물 60g
- 그랑 마르니에 5g
  (또는 쿠앵트로, 트리플섹,
  생략 가능)

과일

- 무화과 4개
- 오렌지 3개
- 체리 90g
- 블루베리 60g

소요 시간	/	약 1시간 50분(+ 크림 냉장 휴지 30분)
분량	/	지름 8.5cm, 높이 9.5cm 디저트컵(350㎖) 4개 분량
작업 순서	/	제누아즈 반죽하기·굽기 → 2 : 1 시럽 만들기 → 과일 손질하기
		→ 크림 만들기(크렘 디플로매트 마일드) → 1차 조합하기
		→ 크림 만들기(머랭 크렘 샹티이) → 2차 조합하기

1

볼에 달걀, 설탕을 넣고 잘 섞은 후
중탕해 38℃까지 온도를 올린다.

2

볼을 중탕 냄비에서 꺼내 핸드믹서 중속으로 휘핑한다.
반죽을 들어올려 떨어뜨렸을 때 층층이 쌓여 서서히 퍼지는 정도까지
휘핑한 후 저속으로 기포를 정리한다.

＊ 이 단계를 시작하기 20분 전에 오븐을 150℃로 예열한다.

3

함께 체 친 박력분, 아트레제를 넣고
거품이 꺼지지 않게 섞는다.

＊ 아트레제는 박력분으로 대체해도
좋지만, 가벼운 식감을 최대한 살리기
위해서는 아트레제를 추천한다.

4

버터, 우유를 넣고 빠르게
주걱으로 섞는다.

＊ 반죽에 섞을 때 버터의 온도는
50℃ 이상이 적합하다.

Atreze

＊ **아트레제**

정식 명칭은 마루비시
K-아트레제이다.
제과 전용으로 배합된 박력분으로,
단백질과 회분 함량이 낮아
글루텐이 거의 형성되지 않는다.
또한 입자 분포가 균일해
조직이 고르고 부드러우며 가벼운
케이크를 만들 때 사용한다.

5

36×25cm 크기의 얕은 오븐팬에 유산지, 테프론시트를 깔고
반죽을 팬닝한다. 주걱으로 살살 펼쳐 평평하게 만들고,
팬을 바닥에 2~3회 내려쳐 큰 기포를 정리한다.
＊ 유산지, 테프론시트를 함께 깔면 구운 후 떨어져 나가는 반죽의
양이 적고, 반죽에서 깔끔하게 벗겨낼 수 있다.

6

150℃로 예열한 컨벡션오븐에 넣고
20분간 굽는다.

2:1 시럽

7

오븐에서 꺼내 바로 유산지, 테프론시트를 벗겨낸다.
유산지를 깐 식힘망에 제누아즈의 밝은색 면이 위를 향하게 하고,
마르지 않도록 유산지를 덮어 완전히 식힌다.
＊ 밀봉해 12시간 이상 냉동 보관한 후 실온에서 해동하면
더욱 촉촉한 식감이 된다.

8

물, 설탕을 냄비에 넣고 중간 불에서
가열한다. 끓기 시작하면 2분간 끓여
시럽을 만들어 한 김 식힌 후
그랑 마르니에를 넣고 섞는다.

9

무화과는 껍질을 벗겨 0.5cm 두께로
슬라이스한다. 블루베리는 1/3 분량
정도 슬라이스해 단면이 보이게 한다.
오렌지는 칼날을 속껍질과 가깝게
브이(V)자 형태로 넣어 과육을 도려낸다.
체리는 반으로 잘라 씨를 제거한다.
＊ 과일은 다음 작업 동안 마르지 않도록
밀봉해둔다.
＊ 오렌지 손질은 시트러스류 과일을
껍질 없이 연한 과육만 사용할 때 하는
작업으로, 세그먼트 Segment라고 부른다.
날이 잘 선 과도를 사용해야 과육이
으깨지거나 과즙이 줄줄 새지 않고
깔끔하게 잘린다.
＊ 오렌지는 과즙이 풍부하고 단맛이
강한 카라카라오렌지를 추천한다.

　　냉장 보관 12시간

10

볼에 생크림, 마스카포네치즈를 넣어 잘 섞고
설탕, 바닐라 익스트랙을 넣고 핸드믹서 저속으로
뾰족한 뿔이 설 때까지 단단하게 휘핑한다.

11

다른 볼에 크렘 파티시에르를 넣고
주걱으로 매끄럽게 푼다.

12

⑩의 크림을 넣고 가볍게 섞은 후
지름 1.3cm의 원형 깍지를 끼운
짤주머니에 채워 30분 이상 냉장
보관한다.
＊ 마스카포네치즈가 구조를 단단하게
잡아주어 30분만 냉장 휴지해도
충분하다.

1차 조합

13

⑦의 제누아즈를 디저트컵 크기에
맞게 재단한다.
＊ 컵 1개당 3장의 제누아즈를
사용한다. 컵의 지름이 8.5cm라면
8cm 정도의 쿠키 커터를 사용해
자르면 알맞다.

14

디저트컵에 제누아즈를 깔고
붓으로 2 : 1 시럽을 바른다.

15

손질한 과일을 컵 벽면에 세우고 안쪽에
크렘 디플로매트 마일드를 채운다.

1차 조합

16

크렘 디플로매트 위에 과일을 채우고
다시 크렘 디플로매트를 한 번 더 채운 후
제누아즈를 올린다. 크렘 디플로매트가
과일 사이사이로 들어갈 수 있도록
제누아즈를 손으로 지긋이 누른다.
시럽을 바르고 과일, 크림을 채우는
과정을 한 번 더 반복한 후 제누아즈를
올려 시럽을 바른다.

머랭 크렘 샹티이   냉장 보관 1일

17

볼에 달걀흰자와 설탕을 넣고
중탕해 50℃까지 온도를 올린다.

18

볼을 중탕 냄비에서 꺼내 핸드믹서
중속으로 휘핑해 스위스 머랭을
만든다. 머랭의 온도가 30~35℃로
떨어질 때까지 휘핑을 계속한다.

19

다른 볼에 젤라틴매스, 그랑 마르니에를
넣고 중탕하거나 전자레인지에
15초씩 끊어가며 돌려 젤라틴매스를
완전히 녹인다.

＊ 젤라틴 없이 머랭과 휘핑한 생크림을
섞으면 보관 중 수분이 분리될 수 있다.

20

⑲의 녹인 젤라틴매스와
그랑 마르니에를 ⑱의 머랭에 넣고
거품기로 가볍게 섞는다.

21

단단하게 휘핑한 생크림을 ⑳에 넣고
가볍게 섞는다.
✳ 사진 속 질감을 체크한다.

2차 조합

22

제누아즈 위쪽의 남은 공간에
머랭 크렘 샹티이를 채운다.
주걱으로 윗면을 다듬어 모양을 낸다.
✳ 컵 1개당 크렘 디플로매트 마일드는
약 70g 사용한다.
✳ 바나나, 골드키위 등 빠르게
갈변되는 과일은 용기 벽면에
세우기보다는 크림과 함께 안쪽에
채우는 용도로 사용하는 것이 좋다.
✳ 수분이 많은 과일을 사용한다면
2 : 1 시럽을 생략해도 충분히 촉촉하다.
✳ 과일과 머랭 크렘 샹티이의 신선도를
위해 만든 당일 먹는 것을 추천한다.

밀푀유 with 프로마주 크렘 무슬린

필로 페이스트리^{Filo Pasty}란 아주 얇은 페이스트리 반죽을 뜻하며
주로 중동의 디저트인 바클라바^{Baklava} 등에서 사용됩니다.
파이 한 겹만큼 얇아서 주로 사이사이 버터나 오일을 발라 구우며,
바사삭 부서지는 식감이 매력적이지요.
필로 페이스트리로 비교적 쉽게 밀푀유를 만들어 즐길 수 있는 레시피를 소개합니다.
크림치즈를 더한 크렘 무슬린으로 감칠맛을, 신선한 블루베리로 상큼함을 더했습니다.

필로 페이스트리 ──

- 필로페이스트리 4장
- 버터 50g(또는 정제 버터 30g)

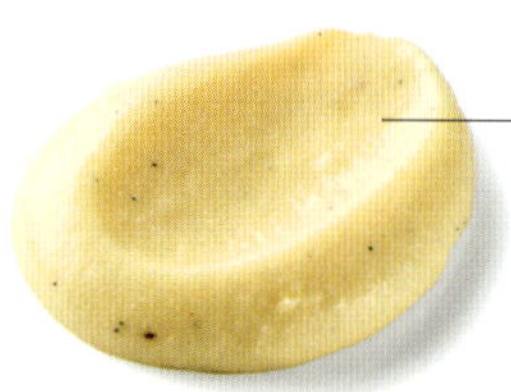

── **프로마주 크렘 무슬린**

- 크렘 파티시에르 120g
  * 만들기 42쪽
- 실온에 둔 크림치즈 30g
- 분당 14g
- 실온에 둔 버터 36g
- 바닐라 익스트랙 2g

이 크림을 활용해도 좋아요!

- 마스카포네 크렘 샹티이(22쪽)
- 카시스 크렘 샹티이(31쪽)
- 라벤더 가나슈 몽테(72쪽)
- 무화과잎 가나슈 몽테(71쪽)
- 크렘 디플로매트 인텐스(241쪽)

블루베리 카시스 콩피추르 ──

- 블루베리 70g
- 카시스 퓌레 32g
- 설탕 34g

── **과일**

- 블루베리 100g

소요 시간	/	약 1시간 20분(+ 잼 재료 재워두기 1시간)
분량	/	플레이트 4개 분량
작업 순서	/	필로 페이스트리 준비하기 → 블루베리 카시스 콩피추르 만들기 → 크림 만들기(프로마주 크렘 무슬린) → 필로 페이스트리 굽기 → 조합하기 · 접시에 담기

필로 페이스트리 준비

1

2

필로 페이스트리는 물기를 적셔
꽉 짠 면포를 덮어 마르지 않도록
준비한다.

✱ 주로 냉동 상태로 판매하므로
냉장실에서 충분히 해동한다.

볼에 버터를 넣고 전자레인지에서 20~30초씩 끊어가며 데운다.
버터가 완전히 녹으면 키친타월을 2겹 깐 고운체에 걸러
불순물을 걸러내고 맑은 지방층만 사용한다.

✱ 정제한 버터를 사용하면 얼룩이 생기지 않아 깔끔한 페이스트리를 완성할 수 있다.
✱ 정제 버터가 있다면 거르는 과정을 거치지 않고 녹여서 사용한다.

3

결이 고운 붓에 ②의 정제 버터를
조금씩 묻혀 필로 페이스트리 한 장에
얇게 펴 바른다. 그 위에 다시 한 장씩
올려 반복해 네 겹을 접착시킨다.

필로 페이스트리 준비

4

필로 페이스트리 가장자리의 지저분한 부분은 칼로 깔끔하게 잘라내고
9×9cm 정사각형으로 반듯하게 재단한다.

5

굽기 전까지 밀봉해서 냉동 보관한다.
* 재단한 필로 페이스트리는 여러 겹
 쌓아두어도 서로 달라붙지 않는다.
* 필로 페이스트리는 완성하기 직전에
 굽는 것이 바삭한 식감을 유지하기
 좋으므로 마무리 단계에서 굽는다.

블루베리 카시스 콩피추르   냉장 보관 7일

6

7

냄비에 블루베리, 카시스 퓌레, 설탕을
넣고 실온에 1시간 둔다.
* 전체적으로 수분이 퍼지면서
서로 섞이게 하는 과정이다.

냄비를 약한 불에서 주걱으로 저어가며
수분이 자작해질 때까지 가열한다.
차게 식힌 후 냉장 보관한다.
사용 전 짤주머니에 채워둔다.
* 카시스에는 당과 산의 결합을 통해 응고를
유발하는 펙틴 성분이 풍부해, 너무 되직하게
끓이면 지나치게 단단해질 수 있다.
* 블루베리 카시스잼을 채운 짤주머니는
깍지 없이 블루베리가 통과할 만큼만 끝을
가위로 잘라 사용한다.

Confiture
* **콩피추르**

 과일과 설탕을 천천히 졸여
 과일의 맛과 향을 살린
 프랑스식 잼.

프로마주 크렘 무슬린   냉장 보관 1일

8

볼에 크렘 파티시에르를 넣고
주걱으로 덩어리 없이 부드럽게 푼다.

9

다른 볼에 실온에 둔 크림치즈를 넣어 주걱으로 풀고
분당을 체 쳐 넣어 덩어리 없이 섞는다.

10

⑧의 크렘 파티시에르에
⑨의 크림치즈를 넣고 잘 섞는다.

11

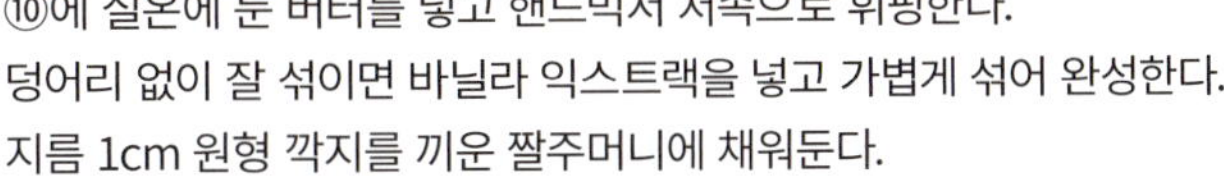

⑩에 실온에 둔 버터를 넣고 핸드믹서 저속으로 휘핑한다.
덩어리 없이 잘 섞이면 바닐라 익스트랙을 넣고 가볍게 섞어 완성한다.
지름 1cm 원형 깍지를 끼운 짤주머니에 채워둔다.

필로 페이스트리 굽기

12

오븐팬에 필로 페이스트리를 팬닝한다.
굽는 동안 부풀어 오르는 것을 방지하기 위해 필로 페이스트리 위에
유산지를 한 겹 덮은 후 무거운 팬을 올린다.
✳ 필로 페이스트리 사이에 바른 버터가 녹지 않도록
냉동 후 해동하지 않고 바로 팬닝한다.
✳ 위에 얹는 팬에 누름돌을 올려 무게를 더해도 좋다.
✳ 이 단계를 시작하기 20분 전에 오븐을 190℃로 예열한다.

13

190℃로 예열했던 컨벡션오븐을
170℃로 온도를 내리고,
12분간 황금빛 갈색을 띠도록 굽는다.
다 구운 필로 페이스트리는 식힘망으로
옮겨 완전히 식힌다.
✳ 부서지기 쉬우므로 살짝 꺾인 형태의
작은 스패튤러를 사용해 옮기면 안전하다.

마무리

14

접시에 필로 페이스트리 한 장을 깔고
그 위에 프로마주 크렘 무슬린을
봉긋하게 짠다. 작은 스푼으로 크림을
살짝 펼친다.

15

크림 중앙에 블루베리 카시스
콩피추르를 10g 채우고,
크림 주변에 블루베리를 올린다.

16

그 위에 다시 필로 페이스트리를
한 장 엇갈리게 올리고 ⑭, ⑮의
과정을 반복한다. 마지막 필로
페이스트리를 올리고 프로마주 크렘
무슬린을 가운데 짠 후 접시 위에 크림,
콩피추르, 블루베리로 장식한다.

피스타치오 퍼펙트 슈 with 피스타치오 크렘 무슬린

제대로 만든 슈 페이스트리 디저트를 한 입 베어 물었을 때의 만족감이란, 디저트 만드는 직업을 선택하길
잘했다는 생각이 들 정도입니다. 한껏 바삭하게 구운 얇은 슈, 부드럽게 녹아내리는 질감의 고소한 피스타치오
크렘 무슬린의 완벽한 조합을 더 많은 분들과 나누기 위해 소개합니다.

크라클랑
- 실온에 둔 버터 50g
- 라이트 머스코바도 62g
- 소금 0.5g
- 박력분 50g
- 아몬드가루 11g

파트 아 슈
- 물 42g
- 우유 42g
- 실온에 둔 버터 42g
- 설탕 4.7g
- 소금 0.6g
- 중력분 54g
- 실온에 둔 달걀 약 75g

1 : 1 시럽
- 물 130g
- 설탕 130g

피스타치오 크렘 무슬린
- 크렘 파티시에르 77g
  * 만들기 42쪽
- 실온에 둔 버터 127g
- 소금 0.5g
- 피스타치오 페이스트 43g
- 피스타치오가루 11g
- ➤ 스위스 머랭 92g

스위스 머랭
- 달걀흰자 46g
- 설탕 46g

장식
- 피스타치오 약간

이 크림을 활용해도 좋아요!
- 초콜릿 크렘 파티시에르(48쪽)
- 캐러멜 크렘 파티시에르(49쪽)
- 다크초콜릿 가나슈 몽테 인텐스(77쪽)
- 아몬드 프랄린 프렌치 버터 크림(185쪽)

소요 시간 /	약 2시간 15분(+ 크라클랑 반죽 냉동하기 24시간)
분량 /	지름 5cm 슈 페이스트리 8개분
작업 순서 /	크라클랑 반죽하기 → 1 : 1 시럽 만들기 → 파트 아 슈 반죽하기·굽기
	→ 크림 만들기(피스타치오 크렘 무슬린) → 조합하기

Cracquelin
✱ 크라클랑

슈 반죽 위에 올려 굽는
얇은 쿠키 반죽. 굽는 동안 표면이
갈라지면서 바삭한 식감과
먹음직스러운 모양을 만든다.

1 볼에 실온에 둔 버터,
라이트 머스코바도, 소금을 넣고
주걱으로 고르게 섞는다.

2 함께 체 친 박력분, 아몬드가루를
넣고 덩어리 없이 잘 섞는다.

3 반죽을 유산지에 올린 후 다시
유산지 한 장을 덮고 밀대를 사용해
2mm 두께로 밀어 편다. 트레이 위에
올려 24시간 이상 냉동한다.
✱ 밀대를 손바닥으로 굴려서 밀어
펴기보다는 밀대를 한 손으로 잡고
힘을 주어 눌러가며 밀어 펴면 반죽의
두께를 더 고르게 만들 수 있다.

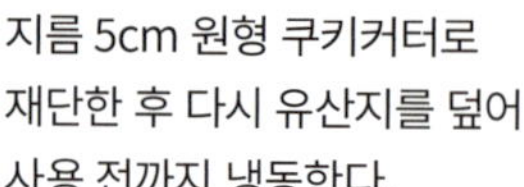

4 지름 5cm 원형 쿠키커터로
재단한 후 다시 유산지를 덮어
사용 전까지 냉동한다.

5

냄비에 물, 설탕을 넣고
약한 불에서 설탕이 모두 녹고
끓어오를 때까지 가열한다.

6

냄비에 물, 우유, 실온에 둔 버터, 설탕,
소금을 넣고 중간 불에서 전체적으로
끓어오를 때까지 가열한다.

✳ 버터는 작게 잘라 실온에 두면 가열
시간이 절약되어 수분 손실을 막을 수 있다.
✳ 이 단계를 시작하기 10분 전에 오븐을
200℃로 예열한다.

Pâte à Choux
✳ **파트 아 슈**

슈 반죽. 굽기 전 우유와
버터를 가열해 미리 밀가루를
호화시키는 것이 특징으로,
굽는 동안 반죽 속 수분이
증기로 팽창해 속이 비는 구조가
만들어진다.

7

체 친 중력분을 한꺼번에 넣고
나무주걱으로 빠르게 섞는다.
✳ 중력분을 냄비에 손실 없이
한꺼번에 넣기 위해 유산지 위에
체 쳐두면 편리하다.

8

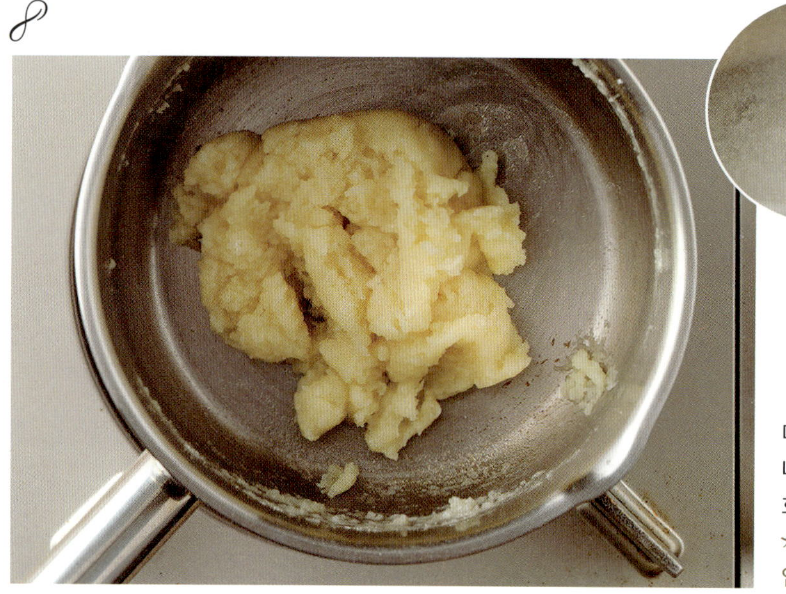

다시 중간 불에 냄비를 올리고
나무주걱으로 반죽을 섞어가며
호화시킨다.
＊ 냄비 바닥에 반죽 막이 한 겹
입혀지는 정도면 충분하다.

9

볼에 반죽을 옮겨 주걱으로 뒤적여가며
온도가 40℃로 내려갈 때까지 식힌다.

10

다른 볼에 실온에 둔 달걀을 풀고 ⑨의 반죽에 조금씩 넣어가며
주걱으로 섞는다. 반죽을 들어 떨어뜨릴 때 새 부리처럼 끝이 뾰족해지면
반죽을 멈춘다. 지름 1.3cm 원형 깍지를 끼운 짤주머니에 채운다.
✱ 달걀을 풀어 체에 거른 후 알끈을 제거하면 반죽에 쉽게 섞을 수 있다.
✱ 과도하게 섞으면 반죽이 단단해질 수 있어 주의한다.
✱ 반죽의 되기에 따라 달걀 양을 조절한다. 레시피에 기재된 75g보다
더 사용할 수도, 덜 사용할 수도 있으므로 약 15g 더 준비해두는 게 좋다.

11

오븐팬에 타공매트를 깔고
지름 5cm 쿠키 커터에 밀가루를 묻혀
팬닝 위치를 표시한다.

12

표시한 위치에 맞게 파트 아 슈 반죽을
봉긋하게 팬닝하고 전체적으로
촉촉하게 젖도록 물을 분무기에 담아
뿌린다.

파트 아 슈

13

파트 아 슈 반죽 위에 ④의 크라클랑
반죽을 떼어 하나씩 올린 후
접착되도록 가볍게 누른다.

14

200℃로 예열된 컨벡션오븐에 넣고
전원을 끄고 10분간 그대로 둔다.
이후 160℃로 다시 켜서 20분간,
140℃로 온도를 낮춰 20분간 굽는다.
✱ 컨벡션오븐으로 파트 아 슈를
구울 경우 반죽의 팽창이 한쪽으로
치우치는 것을 방지하기 위해
굽기 온도를 보다 세심하게 조절한다.

15

슈를 식힘망에 올려 완전히 식힌 후
1 : 1 시럽에 1차로 구운 슈의 윗부분을
담근다.
✱ 슈를 시럽에 담갔다 다시 구우면
훨씬 더 바삭해진다.
✱ 타공매트 위의 슈 바닥을
예리한 칼로 살짝 밀어내면 슈가
부서지지 않고 안전하게 떨어진다.

16

유산지를 깐 오븐팬에 슈를 다시
팬닝하고 130℃로 온도를 낮춘
오븐에서 10분간 더 굽는다.
✱ 오븐에서 꺼낸 직후에는
조금 말랑한 상태이지만 식으면서
단단하고 바삭해진다.

17

볼에 크림 파티시에르를 넣고
중탕하거나 전자레인지에
20~30초간 끊어가며 데워
30~35℃까지 온도를 올린 후
덩어리 없이 잘 푼다.

18

실온에 둔 버터, 소금을 넣고
핸드믹서 저속으로 부드럽게
풀어질 때까지 휘핑한다.

19

피스타치오 페이스트,
피스타치오가루를 넣고
핸드믹서 저속으로 고루 섞는다.

20

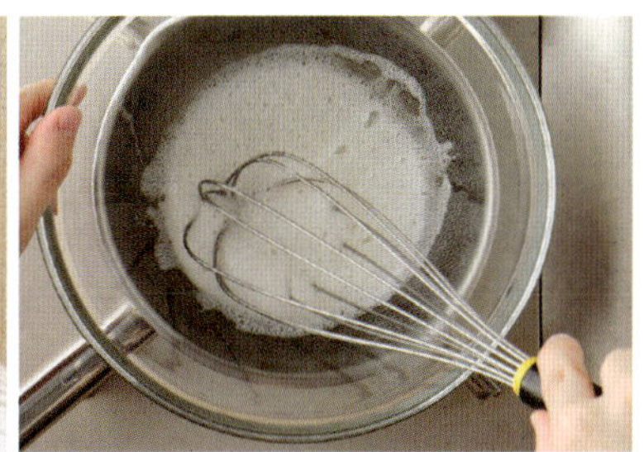

다른 볼에 달걀흰자, 설탕을 넣고
중탕해 온도를 50℃까지 올린다.

21

볼을 중탕 냄비에서 꺼내
30~35℃까지 떨어질 때까지
핸드믹서 중속으로 휘핑해
스위스 머랭을 만든다.

22

⑲에 ㉑의 스위스 머랭을 두 번에 나눠 넣고 섞어
피스타치오 크렘 무슬린을 완성한다.
지름 1.3cm 상투 깍지를 끼운 짤주머니에 채운다.
✱ 사용한 깍지의 제품 번호는 195번이다.

23

슈 윗면을 칼로 자른다.

24

피스타치오 크렘 무슬린을 슈의 안쪽에
채우고, 잘린 단면 위에도 둘러가며
한 줄 짠다. 잘라낸 윗면을 비스듬히 덮고
피스타치오를 크림에 붙여 장식해 완성한다.
＊ 달걀 함량이 높은 파트 아 슈의 특성상
냉장에 두면 달걀 냄새가 올라오기 쉬우므로
가급적 당일에, 완성 직후 먹는 것을 추천한다.

프레지에 에떼 with 망고 크렘 무슬린

버터가 들어가는 크렘 무슬린의 진가는 먹기 전 실온에 두어 충분히 부드러워졌을 때 드러납니다. 크렘 무슬린이 듬뿍
들어간 프레지에는 주로 딸기를 넣어 겨울, 봄에 만들지만, 사실 더운 여름에 먹으면 크림의 부드러움을 한층 더 제대로
느낄 수 있지요. 여름철(에떼Été)과일과 무슬린 크림을 함께 맛볼 수 있는 프레지에 레시피를 소개합니다.

피스타치오 비스퀴 조콩드

- 아몬드가루 36g
- 피스타치오가루 36g
- 분당 54g
- 박력분 28g
- 달걀 88g
- 달걀흰자 80g
- 설탕 40g
- 녹인 버터 22g

오렌지 마멀레이드

- 오렌지 껍질 1/2개 분량(30g)
- 오렌지즙 99g
- 레몬즙 6g
- 설탕 70g

망고 크렘 무슬린

- 크렘 파티시에르 72g
  * 만들기 42쪽
- ➤ 프렌치 버터 크림 126g
- ➤ 스위스 머랭 60g
- 실온에 둔 망고 퓌레 28g

프렌치 버터 크림

- 실온에 둔 버터 98g
- 달걀노른자 14g
- 설탕 15g
- 물 15g
- 소금 0.5g

스위스 머랭

- 설탕 30g
- 달걀흰자 30g

과일

- 파인애플 약간
- 키위 약간
- 용과 약간
- 망고 약간
- 샤인머스캣 약간

이 크림을 활용해도 좋아요!

- 그릭요거트 크렘 샹티이(24쪽)
- 프로마주 크렘 무슬린(142쪽)
- 크렘 디플로매트 인텐스(241쪽)

소요 시간	약 2시간
분량	11.5×7cm, 높이 5cm 타원형 용기 5개분
작업 순서	피스타치오 비스퀴 조콩드 반죽하기·굽기 → 오렌지 마멀레이드 만들기 → 피스타치오 비스퀴 조콩드 재단하기 → 과일 손질하기 → 1차 조합하기 → 크림 만들기(망고 크렘 무슬린) → 2차 조합하기

피스타치오 비스퀴 조콩드

Biscuit Joconde
✱ 비스퀴 조콩드

달걀흰자를 거품 내 머랭을
만든 후, 달걀노른자, 설탕,
아몬드가루 등을 섞어 촉촉한
식감으로 만든 케이크 시트.

1

볼에 함께 체 친 아몬드가루, 피스타치오가루, 분당, 박력분을 넣고,
달걀을 넣어 섞은 후 핸드믹서 중속으로 뽀얗게 될 때까지
약 3분간 휘핑한다.
✱ 이 단계를 시작하기 10분 전에 오븐을 150℃로 예열한다.

2

다른 볼에 달걀흰자, 설탕을 넣고
핸드믹서 중속으로 휘핑한다.
전체적으로 거품이 일면
계속 휘핑하면서 설탕을 3번에
나눠 넣으면서 뿔이 뾰족하게 서는
단단한 머랭을 만든다.

3

②의 머랭을 ①의 반죽에 1/2 분량씩
나누어 넣으면서 가볍게 섞는다.

4

녹인 버터를 ③에 한 번에 넣고
빠르게 섞는다.
✱ 반죽에 섞을 때 버터의 온도는
50℃ 이상이 적합하다.

5

36×25cm 크기의 얕은 오븐팬에
유산지, 테프론시트를 깔고
반죽을 팬닝한다. 주걱으로 살살 펼쳐
평평하게 만들고, 팬을 바닥에 2~3회
내려쳐 큰 기포를 정리한다.
＊ 유산지, 테프론시트를 함께 깔면
구운 후 떨어져 나가는 반죽의 양이 적고,
반죽에서 깔끔하게 벗겨낼 수 있다.

6   **7**

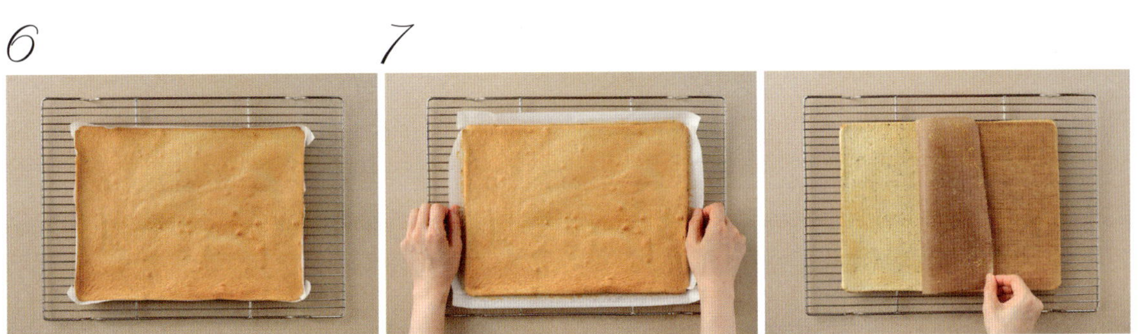

150℃로 예열된 컨벡션오븐에 넣고
20분간 굽는다.

오븐에서 꺼내 바로 유산지, 테프론시트를 벗겨낸 후
식힘망에 올려 식힌다.

오렌지 마멀레이드 냉장 보관 30일

8

9

오렌지의 위아래를 잘라낸 후
칼을 세워 슬근슬근 움직여 껍질과
과육을 분리한다. 잘라낸 껍질을
2mm 이하의 두께로 얇게 채 썬다.
✳ 껍질의 두께를 일정하면
전체 오렌지 껍질의 익는 타이밍을
맞출 수 있어 고르게 조려진
마멀레이드를 완성할 수 있다.

냄비에 오렌지 껍질, 찬물을 넣고
약한 불에서 가열한다. 기포가 조금
올라오는 정도가 되면 불을 끄고 물을
따라낸다. 이 과정을 2번 더 반복한다.
✳ 오렌지 껍질의 향은 남기고
쓴맛을 제거하는 과정이다.
세 번째 반복하면 오렌지 껍질의
하얀 부분이 살짝 투명해진다.

10

냄비에 다시 오렌지 껍질,
오렌지즙, 레몬즙, 설탕을 넣고
중간 불에서 가열한다.
오렌지 껍질이 거의 투명해지고,
시럽이 껍질 위까지 졸아들면
불을 끄고 차게 식혀 잘게 다진 후
냉장 보관한다.

11

⑦의 피스타치오 비스퀴 조콩드를 타원형 용기 입구, 지름 5cm 쿠키 커터로 눌러 자른다. 원형으로 자른 시트는 반으로 한 번 더 자른다.

12

장식용 과일은 한입 크기로 손질한다.
＊ 크림의 달콤한 맛이 강하므로 산미가 있는 과일을 더해서 재료간 밸런스를 맞춘다.
＊ 프레지에의 과일은 투명한 용기 벽면에 붙여 단면이 드러나게 하므로 곡면에 따라 유연하게 휘도록 조금 얇게 손질하는 것이 좋다. 안쪽에 채우는 과일은 먹을 때 풍부한 과즙을 느낄 수 있도록 도톰하게 자른다.

1차 조합

13

용기 바닥면에 타원형으로 자른
피스타치오 비스퀴 조콩드를 깔고
벽면에 과일을 보기 좋게 세운다.
＊ 용기 위에 뚜껑이나 랩을 덮어
비스퀴 조콩드와 과일이 마르지 않게
한다.

망고 크렘 무슬린   냉장 보관 1일

14

실온에 둔 버터, 달걀노른자,
설탕(15g), 물, 소금으로 프렌치 버터
크림을 만든다(59쪽 참고).
＊ 시간 경과에 따른 분리를 막기 위해
마지막 순서로 크림을 만든다.

15

볼에 크렘 파티시에르를 넣고
중탕하거나 전자레인지에
20~30초씩 끊어가며 데워
30~35℃까지 온도를 올린 후
덩어리 없이 잘 푼다.

16

⑭의 프렌치 버터 크림(126g),
실온에 둔 망고 퓌레를 순서대로 넣고
핸드믹서 저속으로 섞는다.
＊ 망고 퓌레도 30~35℃ 정도로 맞춰
섞으면 분리를 막을 수 있다.

망고 크렘 무슬린

17

다른 볼에 달걀흰자, 설탕을
넣고 저어가며 50℃가 될 때까지
중탕한다.

18

볼을 중탕 냄비에서 꺼내 30~35℃까지 떨어질 때까지
핸드믹서 중속으로 휘핑해 스위스 머랭을 만든다.

19

⑯에 ⑱의 스위스 머랭을 두 번에 나눠 넣고 섞어 망고 크렘 무슬린을 완성한다.
지름 1.5cm 원형 깍지를 끼운 짤주머니에 채운다.

＊ 주걱으로 섞다가 수분이 분리되는 것처럼 보이면 거품기로 휘핑해 완성한다.

＊ 과일 퓌레처럼 수분이 많은 재료를 섞을 때는 모든 재료의 온도를
세심하게 체크하며 작업하는 것이 가장 중요하다.

＊ 버터는 브랜드에 따라 수분량의 차이가 있어, 간혹 크림이 분리되는 경우가
생기기도 한다. 이 경우 실온의 버터를 10g씩 추가해가며 저속으로 휘핑하면
분리를 잡을 수 있다.

20

망고 크렘 무슬린을 ⑬의 피스타치오
비스퀴 조콩드 위에 채운 후
자른 과일을 올린다.

21

반원형으로 자른 피스타치오 비스퀴
조콩드에 ⑩의 오렌지 마멀레이드를
발라 ⑳의 위에 엇갈리게 올린다.

22

빈 공간에 망고 크렘 무슬린을 채우고
스패튤러로 평평하게 정리한다.
윗면을 과일로 장식해 완성한다.
＊ 비스퀴 조콩드 대신
제누아즈(133쪽)로 대체해도 좋다.

Butter Cream
Ganache Montée

버터 크림·가나슈 몽테를 활용한
퍼펙트 크림 디저트

버터 크림과 가나슈 몽테처럼 입 안에서 비교적 오래 머무르며 여운을 남기는 크림들은,
케이크의 식감과 맛의 조화를 우선으로 구성 요소를 매칭했습니다.
특히 거품형 케이크나 재료의 맛이 강하게 전달되는 케이크에는 향을 느낄 수 있는 재료를 더해,
무게감이 한쪽으로 치우치지 않도록 균형을 맞추고자 했습니다.
이러한 기본 구성을 바탕으로,
클래식한 레시피에 저자의 취향을 더해 새로운 맛의 조합을 제안했습니다.
작은 취향의 차이가 익숙한 레시피를 더 넓은 즐거움으로 확장할 수 있다고 생각했기 때문입니다.
여러분의 취향 또한 훌륭한 메뉴로 탄생할 수 있으니,
레시피와 팁을 활용해 여러분만의 퍼펙트 크림을 완성해보세요.

＊ 메뉴에 사용한 크림 레시피 중에는 '퍼펙트 크림의 모든 것' 챕터에서 앞서 소개한 기본 비율과 다른 배합으로
만든 것도 있습니다. 이는 각 메뉴의 전체적인 맛과 식감의 균형을 고려해 조정한 것이므로 참고 바랍니다.

토피 바나나 케이크 with 토피 스위스 버터 크림

껍질에 검은 반점이 생길 만큼 잘 익은 바나나는 케이크에 매력적인 풍미를 더해주고, 설탕을 조금만 사용해도
자연스러운 단맛이 나며, 보기 좋은 구움색과 볼륨을 만들어줍니다. 달콤한 토피소스, 가볍고 부드러운
스위스 버터 크림을 더해 바나나케이크의 맛을 한층 끌어올려 완성한 레시피입니다.

바나나 케이크

- 녹인 버터 63g
- 황설탕 74g
- 소금 0.7g
- 달걀 45g
- 중력분 117g
- 베이킹소다 1.4g
- 시나몬파우더 0.3g
- 바나나 90g
- 그릭요거트 45g
- 구운 호두 다진 것 20g

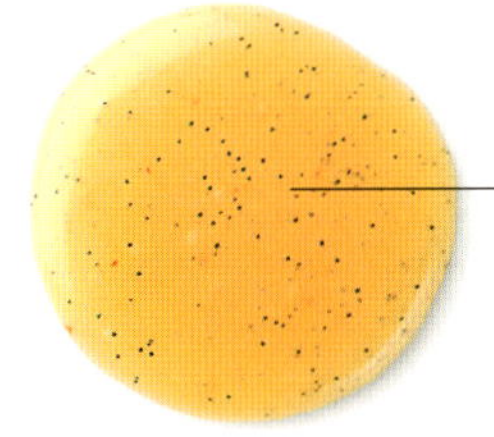
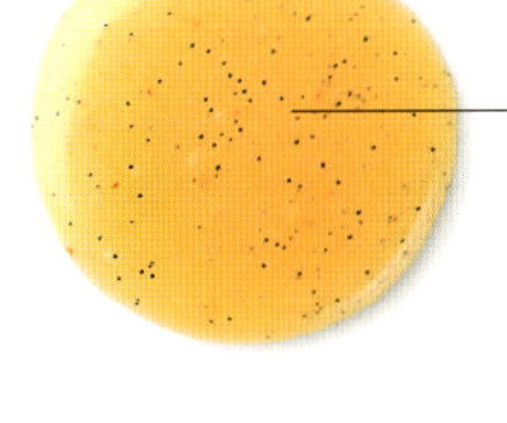

토피 소스

- 생크림 36g
- 황설탕 21g
- 버터 16g
- 바닐라빈 1/5개
- 소금 0.5g

토피 스위스 버터 크림

- 달걀흰자 52g
- 라이트 머스코바도 52g
  (또는 흑설탕)
- 소금 0.8g
- 실온에 둔 버터 116g
- 토피 소스 45g ◀

이 크림을 활용해도 좋아요!

- 저먼 버터 크림(60쪽)
- 피칸 이탈리안 버터 크림(178쪽)
- 말차 아메리칸 버터 크림(199쪽)
- 아몬드 프랄린 프렌치 버터 크림(285쪽)

토핑

- 바나나 1개
- 설탕 약간
- 참깨 약간

소요 시간	/	약 1시간(+ 케이크 냉장 숙성 12시간)
분량	/	8×4×4cm 플럼피 몰드(소) 4개 분량
작업 순서	/	바나나 케이크 반죽하기·굽기 → 토피 소스 만들기 → 크림 만들기(토피 스위스 버터 크림) → 조합하기

바나나 케이크

1

바나나는 포크로 곱게 으깬다.
＊ 바나나는 반점이 생길 만큼
완전히 후숙해 달콤한 향이
나는 것을 사용한다.
＊ 이 단계를 시작하기 20분 전에
오븐을 140℃로 예열한다.

2

볼에 녹인 버터를 넣고
황설탕, 소금, 달걀 순으로 넣어가며
거품기로 가볍게 섞는다.

3

함께 체 친 중력분, 베이킹소다,
시나몬파우더를 넣어 거품기로 섞은 후
바나나, 그릭요거트, 구운 호두
다진 것을 넣고 섞어 반죽을 완성한다.
＊ 약산성을 띠는 바나나가 베이킹소다와
반응해 팽창하는 힘이 생기며,
완성 후 색과 향이 한층 깊어진다.

4

플럼피 몰드에 110g씩 팬닝한다.
＊ 플럼피 몰드란 옆면이 주름지거나 볼륨감 있게 잡힌 종이 재질의 베이킹 몰드로, 머핀·파운드케이크 등을 담아 바로 구울 수 있다.
＊ 비슷한 크기의 미니 파운드팬에 구워도 좋다.

5

140℃로 예열한 컨벡션오븐에서 20분간 굽는다.
＊ 너무 오래 구우면 베이킹소다의 쓴맛이 올라올 수 있다. 작업 시 사진 속 구움색을 참고해 굽는 시간을 조절한다.

6

오븐에서 꺼내 완전히 식힌 후 플럼피 몰드를 벗겨내고 랩을 밀착시켜 덮어 냉장실에서 12시간 숙성시킨다.

토피 소스　냉장 보관 5일

Toffee
＊ **토피**

설탕, 버터를 오래 끓여 만든 단단한 캐러멜. 이 레시피에서는 토피 재료를 짧게 졸여 묽은 질감의 소스로 완성한다.

7

냄비에 토피 소스 재료를 모두 넣고 중간 불에서 저어가며 가열한다.

8

가운데까지 보글보글 끓어오르면서 냄비 벽면에 달라붙는 살짝 끈적한 상태가 되면 불에서 내려 실온에서 식힌다.

토피 스위스 버터 크림 냉장 보관 1일

9

볼에 달걀흰자, 라이트 머스코바도,
소금을 넣고 중탕해
온도를 50℃까지 올린다.
＊ 스위스 머랭에 라이트
머스코바도를 사용하면 토피의
풍미와 잘 어우러져 맛이 한층
풍부해진다.

10

볼을 중탕 냄비에서 꺼내 30~35℃까지 떨어질 때까지
핸드믹서 중속으로 휘핑해 스위스 머랭을 만든다.
＊ 더운 여름철에는 스위스 머랭의 온도를 약 30℃로,
추운 겨울철에는 약 35℃로 맞춘다.

11

실온에 둔 버터를 조금씩 넣어가며
핸드믹서 중속으로 휘핑한다. 한 덩어리로
뭉쳐지면 저속으로 휘핑해 기포를
정리한 후 주걱으로 섞어 마무리한다.
＊ 처음에는 스위스 머랭의 수분 때문에
분리되는 것처럼 보이나 계속 섞다 보면
매끄럽게 완성된다.

12

실온에 둔 토피 소스를 넣고
주걱으로 섞어 완성한다.
지름 1.3cm 상투 깍지를 끼운
짤주머니에 담아둔다.
＊ 사용한 깍지의
제품 번호는
195번이다.

13

토핑용 바나나를 길게 반으로
자른 후 2등분한다. 단면에 설탕을
얇게 뿌리고 토치로 살짝 태워
캐러멜라이즈한다.

14

⑥의 바나나 케이크 위에 토피 스위스
버터 크림을 짤주머니로 짜서 올린다.

15

⑬의 바나나를 크림 위에 올리고
참깨를 뿌려 완성한다.
＊ 남은 토피 소스를 뿌려
더욱 달콤하게 즐겨도 좋다.

꺄트르 까 with 세 가지 맛 이탈리안 버터 크림

까트르 꺄Quatre-quarts는 프랑스의 파운드케이크로 브르타뉴Bretagne 지역에서 만들기 시작했다고 합니다.
버터, 설탕, 달걀, 밀가루 네 가지 재료를 같은 비율로 사용하는 것에서 유래된 이름인데,
이것을 영국에서 변형한 레시피가 바로 파운드케이크이지요. 당도를 조금 낮추고, 갈색으로 태운 버터를
사용해 풍미를 높여 가볍고 산뜻한 이탈리안 버터 크림과 어울리게 풀어낸 레시피를 소개합니다.

꺄트르 까

- 달걀 150g
- 설탕 132g
- 소금 0.7g
- 박력분 80g
- 아트레제 40g(또는 박력분)
- 베이킹파우더 0.7g
- 버터 150g

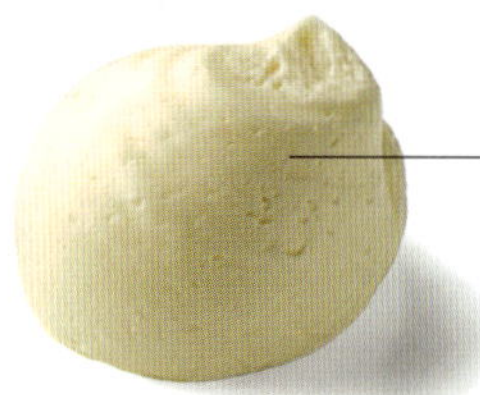

세 가지 맛 이탈리안 버터 크림

- 실온에 둔 버터 135g
- 달걀흰자 50g
- 소금 1.4g
- 설탕 75g
- 물 25g
- 레몬즙 8g

졸인 유자 퓌레

- 유자 퓌레 40g
- 설탕 40g

졸인 라즈베리 퓌레

- 라즈베리 퓌레 60g
- 설탕 15g

피칸 페이스트

- 구운 피칸 50g
- 다크 머스코바도 30g
  (또는 라이트 머스코바도)

이 크림을 활용해도 좋아요!

- 아메리칸 버터 크림(61쪽)
- 토피 스위스 버터 크림(171쪽)
- 아몬드 프랄린 프렌치 버터 크림(185쪽)

장식

- 레몬 슬라이스 약간
- 동결 건조 라즈베리 약간
- 피칸 약간

소요 시간 /	약 1시간 30분(+ 케이크 냉장 숙성 12시간)
분량 /	15.5×7.5×6.5cm 파운드팬(대) 1개 분량
작업 순서 /	꺄트르 까 반죽 · 굽기 → 크림 만들기(세 가지 맛 이탈리안 버터 크림) → 조합하기

1

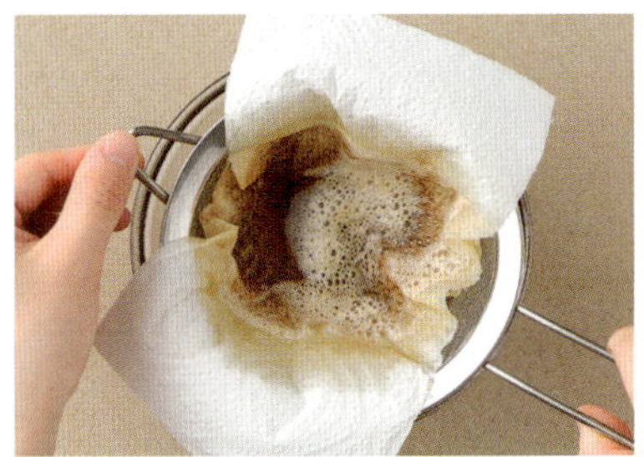

냄비에 버터를 넣고
약한 불에서 젓지 않고 가열한다.
거품이 하얗고 거칠게 일면 불을 끄고
한 김 식을 때까지 그대로 두어
냄비의 잔열로 색을 낸다.
✳ 가열을 마치면 바닥에 검게 변한
우유 고형분이 가라앉는다.

2

3

체에 키친타월을 2장 깔고
불순물을 걸러낸다.
✳ 이렇게 완성한 것을 헤이즐넛 버터
(뵈르 누아제트)라고 한다. 버터의 풍미를
최대한으로 끌어올리는 방법이며,
갈색을 띠면서 고소하고 깊은 향이 난다.
✳ 완성된 헤이즐넛 버터에서 120g을 사용한다.

볼에 달걀, 설탕, 소금을 넣고 중탕해
온도를 36℃까지 올린다.

4

핸드믹서 중속으로 반죽을 들어올려
떨어뜨렸을 때 층층이 쌓여
서서히 퍼지는 정도까지 휘핑한다.
＊ 지나치게 오래 휘핑하면
수분 손실이 생겨 완성 후
식감이 나빠질 수 있으니 타이밍을
잘 지키도록 한다.
＊ 이 단계를 시작하기 전에 오븐을
150℃로 예열한다.

5

함께 체 친 박력분, 아트레제, 베이킹파우더와 ②의 헤이즐넛 버터(120g)를
순서대로 넣고 거품기로 섞어 반죽을 완성한다.
＊ 반죽에 섞을 때 헤이즐넛 버터의 온도는 50℃ 이상이 적합하다.
만들어둔 헤이즐넛 버터가 식었다면 중탕하거나
전자레인지에 10초씩 끊어가며 데워 온도를 맞춘다.
＊ 아트레제는 박력분으로 대체해도 좋지만, 가벼운 식감을 최대한
살리기 위해서는 아트레제를 추천한다.

Atreze
★ **아트레제**

정식 명칭은 마루비시
K-아트레제이다.
제과 전용으로 배합된 박력분으로,
단백질과 회분 함량이 낮아
글루텐이 거의 형성되지 않는다.
또한 입자 분포가 균일해
조직이 고르고 부드러우며 가벼운
케이크를 만들 때 사용한다.

6

파운드팬에 유산지를 깔고
반죽을 80%까지 부어 팬닝한 후
바닥에 2~3회 쳐서 기포를 정리한다.

7

150℃로 예열한 컨벡션오븐에
40분간 굽는다. 굽기를 마친
꺄트르 꺄를 바로 팬에서 꺼내
유산지를 떼어낸다.

8

표면이 마르지 않도록
바로 랩을 밀착시켜 덮고
12시간 냉장 숙성시킨다.

세 가지 맛 이탈리안 버터 크림   냉장 보관 1일

9

냄비에 유자 퓌레, 설탕(40g)을
넣고 약한 불에서 끓인다. 양이 절반
정도로 졸아들면 식혀서 사용한다.
＊ 졸인 유자 퓌레 대신 유자청을
사용해도 좋으나, 단맛이 강하니
동량으로 넣기보다 기호에 맞춰
양을 조절한다.

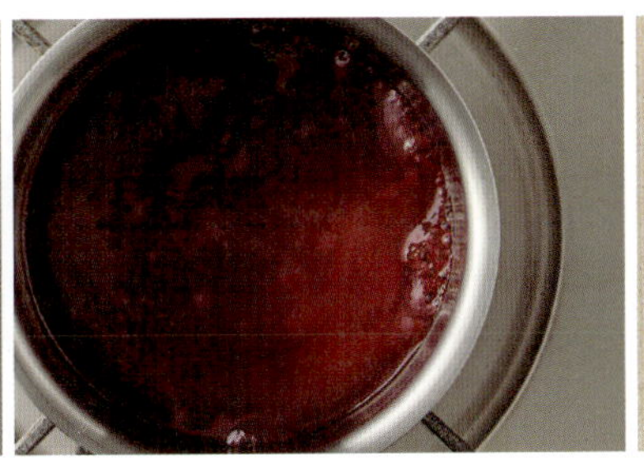

10

다른 냄비에 라즈베리 퓌레,
설탕(15g)을 넣고 약한 불에서
끓인다. 양이 절반 정도로
졸아들면 식혀서 사용한다.

11

푸드프로세서에 구운 피칸,
다크 머스코바도를 곱게 갈아
보슬보슬한 가루와 페이스트의
중간 정도 형태로 만든다.

세 가지 맛 이탈리안 버터 크림

12

볼에 달걀흰자와 소금을 넣고
전체적으로 하얗게 거품이 일고
거품기를 들어올리면 뿔이 생기기
직전까지 휘핑한다.

13

냄비에 물, 설탕을 넣고
중간 불에서 끓여
온도를 118~120℃까지 올린다.

14

⑫에 ⑬의 뜨거운 시럽을 조금씩
흘려 넣어가며 핸드믹서 중속으로
휘핑해 이탈리안 머랭을 만든다.

15

계속해서 휘핑해 머랭의 온도가
30~35℃까지 떨어지면
실온에 둔 버터를 조금씩 나눠 넣으면서
중속으로 휘핑한다.
한 덩어리로 뭉쳐지면 저속으로 휘핑해
기포를 정리한 후 레몬즙을 넣고
주걱으로 섞어 마무리한다.
＊ 머랭의 온도를 여름에는 30℃,
겨울에는 35℃를 기준으로 한다.

16

버터 크림을 세 볼에 나눠 담고 각각 ⑨의 졸인 유자 퓌레, ⑩의 졸인 라즈베리 퓌레, ⑪의 피칸 페이스트를 넣어 고루 섞는다. 완성한 버터 크림은 지름 3cm 원형 깍지를 끼운 짤주머니에 각각 채워둔다.

＊ 버터 크림 50g당 졸인 유자퓌레 7.5g(15%), 졸인 라즈베리퓌레 10g(20%), 피칸페이스트 10g(20%)을 넣어 섞으면 알맞다.

마무리

17

꺄트르 꺄는 2cm 두께로 잘라 단면에 세 가지 맛 이탈리안 버터 크림을 봉긋하게 짠다.

18

작은 스쿱을 뜨거운 물에 담가 따뜻하게 데운 후 물기를 닦아내고 크림 중앙을 지그시 누르면서 지나가 홈을 만든다. 각 크림의 맛에 어울리는 레몬 슬라이스, 동결 건조 라즈베리, 피칸 등으로 크림 위를 장식한다.

＊ 다양한 콩피추르를 곁들여도 좋다.

아망디에 with 아몬드 프랄린 프렌치 버터 크림

버터 함량이 높아 촉촉하고 부드러운 바닐라 케이크에 실온에서 금세 부드러워지는 프렌치 버터 크림을
매칭한 메뉴입니다. 직관적인 아몬드 풍미를 담기 위해 바삭한 식감을 살린 홈메이드 아몬드 프랄린을 크림에 사용하며,
달달하면서도 짭짤한 맛이 매력적인 아몬드 토핑을 올려 굽습니다.

바닐라 케이크

- 달걀 65g
- 설탕 88g
- 소금 0.6g
- 바닐라빈 씨 1/4개 분량
- 박력분 75g
- 레몬 제스트 1.5g
- 녹인 버터 75g
- 데코스노우(장식용) 약간

아몬드 토핑

- 꿀 15g
- 분당 15g
- 소금 0.4g
- 버터 15g
- 아몬드 슬라이스 30g
  (또는 호두, 피칸 분태)

홈메이드 아몬드 프랄린

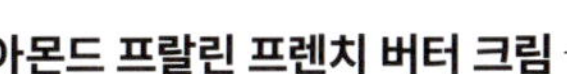

- 물 10g
- 설탕 65g
- 구운 아몬드 100g
- 소금 1g
- 바닐라빈 씨 1/4개 분량

아몬드 프랄린 프렌치 버터 크림

- 달걀노른자 14g
- 설탕 15g
- 소금 0.5g
- 물 15g
- 실온에 둔 버터 98g
- 아몬드 프랄린 28g

이 크림을 활용해도 좋아요!

- 라즈베리 이탈리안 버터 크림(178쪽)
- 피칸 이탈리안 버터 크림(178쪽)

소요 시간 / 약 2시간(+ 케이크 냉장 숙성 12시간, 실온에 두어 부드럽게 하기 1시간)

분량 / 지름 15cm 원형 1개 분량

작업 순서 / 아몬드 토핑 만들기 → 바닐라 케이크 반죽하기·굽기 → 홈메이드 아몬드 프랄린 만들기
→ 크림 만들기(아몬드 프랄린 프렌치 버터 크림) → 조합하기

아몬드 토핑

1

볼에 꿀, 분당, 소금, 버터를 넣고
중탕하거나 전자레인지에
20~30초씩 끊어가며 버터가 모두
녹을 때까지 데워 잘 섞는다.

2

아몬드 슬라이스를 넣고 섞는다.
✳ 아몬드 슬라이스 대신 잘게 부순
호두, 피칸 등을 활용해도 좋다.
✳ 사용 전까지 버터가 굳지 않도록
실온에 보관한다.

바닐라 케이크

3

볼에 달걀, 설탕, 소금, 바닐라빈 씨를
함께 넣는다. 핸드믹서 중속으로
휘핑하다 반죽을 들어올려 떨어뜨렸을
때 층층이 쌓여 서서히 퍼지는 정도까지
휘핑한 후 저속으로 낮춰 기포를
정리한다.
✳ 이 단계를 시작하기 전에 오븐을
150℃로 예열한다.

4

체 친 박력분을 넣고
거품기로 가볍게 섞는다.
＊ 너무 많이 섞어 거품이
꺼지지 않도록 주의한다.

5

녹인 버터(50℃ 이상), 레몬 제스트를 차례로 넣고 섞어
반죽을 완성한다.

6

케이크팬의 바닥과 옆면에
유산지를 깔고 반죽을 팬닝한다.
150℃로 예열한 컨벡션오븐에
25~30분간 굽는다.
＊ 바닥과 옆면에 유산지 또는
테프론시트를 깔면 구운 후
케이크를 분리할 때 훨씬 수월하다.

7

오븐에서 케이크팬을 꺼내 아몬드
토핑을 평평하게 올리고, 구움색이
날 때까지 추가로 10분간 굽는다.
＊ 아몬드 토핑을 올리기 전, 고르게
뒤섞은 후 3~4번에 나눠 올린다.
온도가 낮으면 빠르게 굳기 때문에 너무
추운 공간에서 작업하는 것은 피한다.

바닐라 케이크

8

오븐에서 꺼내 틀째로 완전히 식힌다.
틀에서 꺼내 겉면이 마르지 않게
랩으로 감싸둔다. 밀폐 용기에 넣어
12시간 이상 냉장 숙성시킨다.

홈메이드 아몬드 프랄린   냉장 보관 15일

9

냄비에 물과 설탕을 넣고
약한 불에서 살짝 붉은 갈색이 되고
온도가 180~190°C로 오를 때까지
캐러멜라이징한다.

10

불을 끄고 냄비에 구운 통아몬드를
넣고 잘 섞는다.

11

오븐팬에 유산지를 깔고 캐러멜을 입힌
아몬드를 넓게 펼쳐서 식힌다.
＊ 푸드프로세서에 넣기 전
부수기 쉽도록 여러 알이 뭉치지 않게
고루 펼친다.

12

푸드프로세서에 ⑪의 아몬드를
단단한 밀대 등으로 부수어 넣고,
소금, 바닐라빈 씨를 함께 넣어
페이스트 같은 질감이 되도록 곱게 간다.
＊ 가정용 푸드프로세서 사용 시
적은 용량으로 아주 곱게 갈기는 어렵다.
무리해서 갈면 푸드프로세서가
과열되거나 칼날이 상할 수 있어,
단단한 캐러멜이 모두 갈리면서
아몬드 입자가 조금 남아 있을 정도까지만
작업한다.
＊ 시판 아몬드 프랄린을 사용해도 좋다.

아몬드 프랄린 프렌치 버터 크림 ｜ 냉장 보관 1일

13

볼에 달걀노른자, 설탕, 소금, 물을
담고 거품기로 저어가며 중탕한다.
온도를 83℃까지 올려 파트 아
봉브를 완성한다.

14

파트 아 봉브를 체에 거른 후
32~35℃로 식힌다.
＊ 이 방법은 중탕으로 만드는 파트 아
봉브이며, 별도로 휘핑을 하지 않아도
된다.

아몬드 프랄린 프렌치 버터 크림

15

버터를 조금씩 넣어가며 핸드믹서 저속으로 휘핑한다.
＊ 처음에는 파트 아 봉브의 수분 때문에 분리되는 것처럼 보이나
계속 섞다 보면 매끄럽게 완성된다.

16

완성된 프렌치 버터 크림에 ⑫의 실온의
아몬드 프랄린을 넣고 핸드믹서 저속으로
가볍게 섞은 후 주걱으로 마무리한다.
지름 1.3cm 원형 깍지를 끼운 짤주머니에
담아둔다.

마무리

17

바닐라 케이크는 부드러워지도록
실온에 1시간 이상 꺼내둔 후
가로로 이등분한다.
＊ 케이크가 부드러워 부서지기
쉬우므로 조심스럽게 재단한다.

18

버터 크림을 바닥 쪽 케이크의 중심에서
바깥으로 원을 그리며 짜고 스패튤러로
펴 바른 후 가장자리에 한 방울씩 짠다.
✽ 케이크를 돌림판에 올리면
작업하기 수월하다.
✽ 짤주머니로 크림을 짤 때
뿔이 케이크 안쪽을 향하도록 하면
깔끔하게 마무리할 수 있다.

19

위쪽의 케이크를 크림 위에 올리고,
윗면에 데코스노우를 체 쳐서
장식한다.
✽ 케이크보다 지름이 작은 원형의
종이나 필름을 잘라 케이크 중앙에
올리고, 데코스노우를 뿌린 후
걷어내면 완성 사진과 같은 모양을
낼 수 있다.

케이크 오 프뤼이 with 에그녹 저먼 버터 크림

프랑스어로 '과일 케이크'라는 뜻인 케이크 오 프뤼이^{Cake aux Fruits}. 찬 바람이 불면 어김없이 떠오르는 슈톨렌^{Stollen}에서
술에 절인 건과일과 향신료는 맛을 결정하는 중요한 요소인데요, 이 두 가지를 작은 케이크와 크림으로 응용해 겨울에
어울리는 맛으로 담아낸 메뉴입니다. 에그녹^{Eggnog}은 달걀과 우유, 향신료로 만들어 따뜻하게 즐기는 음료인데,
이 맛을 살리고자 크렘 파티시에르 베이스의 저먼 버터 크림을 선택했습니다.

건과일 케이크

- 실온에 둔 버터 90g
- 설탕 81g
- 소금 0.5g
- 실온에 둔 달걀 90g
- 실온에 둔 달걀노른자 18g
- 박력분 81g
- 아몬드가루 27g
- 베이킹파우더 2g
- 버터(굽기용) 약간
- 밀가루(굽기용) 약간

건과일 절임

- 건포도 20g
- 건무화과 40g
- 건살구 15g
- 오렌지 콩피 15g
- 다크럼 20g
- 그랑 마르니에 20g

에그녹 저먼 버터 크림

- 크렘 파티시에르 105g
  * 만들기 42쪽
- 실온에 둔 버터 91g
- 연유 12g
- 브랜디 4g(생략 가능)
- 바닐라 익스트랙 2g
- 소금 0.9g
- 시나몬파우더 1/4작은술
- 넛멕파우더 1/8작은술

장식

- 향신료 약간
  (시나몬스틱, 팔각, 카다멈 등,
  생략 가능)
- 수레국화 꽃잎 약간(생략 가능)

이 크림을 활용해도 좋아요!

- 아메리칸 버터 크림(61쪽)
- 유자 이탈리안 버터 크림(178쪽)
- 아몬드 프랄린 프렌치 버터 크림(185쪽)

소요 시간	약 1시간(+ 건과일 절이기 7일 이상, 케이크 냉장 숙성 12시간, 실온에 두어 부드럽게 하기 1시간)
분량	윗지름 7cm, 높이 3cm 컵케이크 10개 분량
작업 순서	건과일 케이크 반죽하기·굽기 → 크림 만들기(에그녹 저먼 버터 크림) → 조합하기

건과일 케이크

1

냄비에 넉넉한 양의 물을 담아
센 불에 끓인 후 건포도, 건무화과,
건살구, 오렌지 콩피를 넣고 1분간
데친다. 체에 밭쳐 물기를 뺀 후
다크럼, 그랑마르니에에 절인다.
＊ 실온에서 7일 이상(가능하면
1달까지) 절여 향이 충분히 배게 한다.
＊ 건무화과, 건살구, 오렌지 콩피를
잘게 잘라서 리큐르가 빠르게
흡수되도록 해도 좋다.

2

볼에 실온에 둔 버터(90g), 설탕,
소금을 넣고 핸드믹서 중속으로
약 1분간 휘핑한다.
＊ 이 단계를 시작하기 전에
오븐을 140℃로 예열한다.

3

다른 볼에 달걀, 달걀노른자를
섞어 넣고 6번 이상 나누어 넣어가며
중속 이하로 휘핑한다.
＊ 지나친 공기 주입은 오히려
반죽의 상태를 불안정하게 만들 수
있으니 주의한다.

4

함께 체 친 박력분, 아몬드파우더,
베이킹파우더를 한꺼번에 넣어
주걱으로 섞고, 날가루가 아직
남아 있을 때 ①의 건과일 절임을 넣고
섞어 반죽을 완성한다.
＊ 절인 건과일을 체에 받치면 약간의
술이 남는데, 취향에 따라 남은 술을
따라내도 되고 모두 함께 섞어도 된다.

5

컵케이크팬에 버터(약간)를
바르고 밀가루(약간)를 체 쳐
얇게 뿌린 후 반죽을 팬닝하기
전까지 냉동 보관한다.
반죽을 스푼으로 떠 50g씩 팬닝한다.
＊ 버터, 밀가루를 바른 팬을 냉동하면
단단한 이형층이 형성돼 구운 후
케이크가 팬에서 쉽게 분리된다.
베이킹컵을 사용해도 좋다.

6

140℃로 예열한 컨벡션오븐에
10분간 굽는다. 앞뒤가 고루 익도록
오븐 문을 열어 컵케이크팬을
돌린 후 10분 더 굽는다. 차갑게 식은 후
컵케이크팬을 뒤집어 분리한다.
＊ 건과일이 들어가 부서지기 쉬우므로
팬이 완전히 식은 후에 꺼낸다.
＊ 팬과 맞닿아 있던 바닥면이 완성 시
윗면이 된다.

7

랩을 밀착시켜 덮고 12시간 냉장
숙성시킨다.
＊ 완성하기 1시간 전 실온에 꺼내두면
부드럽게 즐길 수 있다.

에그녹 저먼 버터 크림   냉장 보관 1일

8

볼에 크렘 파티시에르를 넣고
중탕하거나 전자레인지에 20~30초간
끓어가며 데워 32℃까지 온도를
올린 후 덩어리 없이 잘 푼다.

9

실온에 둔 버터, 소금을 넣고 핸드믹서 저속으로
볼륨이 생길 때까지 휘핑한다.

10

연유, 브랜디, 바닐라 익스트랙,
시나몬파우더, 넛멕파우더를 넣고
주걱으로 섞는다. 지름 2cm 원형
깍지를 끼운 짤주머니에 채워둔다.

11

건과일 케이크는 부드러워지도록
실온에 1시간 이상 꺼내둔 후
바닥면을 평평하게 잘라낸다.

12

건과일 케이크 위에 에그녹 저먼
버터 크림을 봉긋하게 짠다.

13

향신료, 수레국화 꽃잎으로
장식해 완성한다.
✽ 저먼 버터 크림의 특성상
크림의 수분 함량이 높으니
만든 당일 먹는 것을 추천한다.

클래식 멜팅 모먼츠 with 세 가지 맛 아메리칸 버터 크림

멜팅 모먼츠Melting Moments는 뉴질랜드의 전통 쿠키로, 주로 티푸드로 활용됩니다.
쇼트브레드Shortbread 계열의 쿠키로 부서지듯 바삭한 식감이 매력입니다. 바닐라, 초콜릿 반죽으로 만들어
세 가지 맛 크림을 샌드하는, 달콤하면서도 짭짤한 포인트의 레시피를 소개합니다.

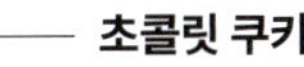

초콜릿 쿠키
- 실온에 둔 버터 50g
- 분당 20g
- 바닐라 설탕 1g
- 소금 0.6g
- 박력분 49g
- 옥수수전분 15g
- 코코아파우더 10g

바닐라 쿠키
- 실온에 둔 버터 126g
- 분당 41g
- 바닐라 설탕 2.3g
- 소금 1.5g
- 박력분 138g
- 옥수수전분 34g

**세 가지 맛
아메리칸 버터 크림**
- 실온에 둔 크림치즈 120g
- 소금 0.6g
- 분당 72g
- 실온에 둔 버터 120g
- 바닐라 익스트랙 2g
- 레몬즙 10g
- 설탕 10g
- 말차파우더 2g
- 딸기파우더 1.4g

이 크림을 활용해도 좋아요!
- 이탈리안 버터 크림(56쪽)
- 스위스 버터 크림(58쪽)
- 러시아 버터 크림(62쪽)

소요 시간	약 1시간 20분 (+ 반죽 냉장 휴지 2시간)
분량	16~17개 분량
작업 순서	쿠키 반죽하기 · 굽기 → 크림 만들기(아메리칸 버터 크림) → 조합하기

바닐라 반죽 · 초콜릿 반죽

1

볼에 실온에 둔 버터를 넣고
주걱으로 부드럽게 푼 후
분당, 바닐라 설탕, 소금을 넣고 섞는다.

2

함께 체 친 박력분, 옥수수전분을 넣고 주걱을 세워 11자를 그리며 고루 섞는다.
＊ 초콜릿 반죽은 코코아파우더를 함께 체 친다.

3

날가루나 뭉친 곳이 없도록 섞어 반죽을 완성한다.

4

반죽을 14g씩 분할해 둥글게 굴린다.

5

반죽을 트레이에 담고 손가락으로
눌러 지름 4cm 원형으로 납작하게
빚는다. 반죽을 비닐로 덮어 마르지 않게
하고, 2시간 이상 냉장 휴지시킨다.

✳ 트레이에 반죽을 올리기 전 랩이나
   비닐을 깔면 나중에 쉽게 뗄 수 있다.

✳ 충분히 냉장 휴지를 시켜야
   구울 때 많이 퍼지지 않는다.

✳ 양을 늘려 만들 경우, 반죽을
   밀대로 5~7mm 두께로 밀어 펴고
   쿠키 커터를 사용해 자른다.

✳ 냉장 휴지를 마치기 20분 전에
   오븐을 140℃로 예열한다.

바닐라 반죽 · 초콜릿 반죽

6

오븐팬에 반죽을 적당한 간격으로
팬닝하고, 140℃로 예열한
컨벡션오븐에서 약 20분간 굽는다.
＊ 반죽 바닥면의 색을 확인해
굽기를 종료한다.

아메리칸 버터 크림   냉장 보관 1일

7

냄비에 레몬즙과 설탕을 넣고
약한 불로 끓인다. 거품이 몇 차례
일어나고 잠잠해지면 불을 끄고 식혀
레몬 시럽을 완성한다.
＊ 너무 오래 끓이면 시럽 색이
주황빛을 띠면서 진해지고,
식은 후 엿처럼 단단해지기 때문에
적당히 끓이는 것이 좋다.

8

9

실온에 둔 크림치즈를 볼에 넣고 주걱으로 체 친 분당과 소금을 넣고 섞는다.
부드럽게 푼다.

10

실온에 둔 버터를 조금씩 넣어가며
저속으로 휘핑하고
바닐라 익스트랙을 섞는다.

11

완성된 아메리칸 버터 크림을 3개의
볼에 100g씩 나눠 담고
각각 ⑦의 레몬 시럽(12g), 딸기파우더,
말차파우더를 섞어 크림을 만든다.
지름 1.3cm 원형 깍지를 끼운
짤주머니에 크림을 각각 채운다.
✽ 딸기파우더, 말차파우더는
뭉치지 않도록 반드시 고운체에
내린 후 섞는다.

12

쿠키에 크림을 짠 후 크기가 맞는 쿠키를 덮어 샌드한다.

✱ 크림을 샌드한 쿠키는 당일에 먹는 것이 가장 좋다.

✱ 크림 없이 쿠키만 따로 보관한다면 구워서 완전히 식힌 후
방습제를 넣은 밀폐 용기에 3~4일간 보관할 수 있다.

복숭아 토르테 with 캐모마일 가나슈 몽테

토르테^{Torte}란 15세기부터 전해져 내려온 독일의 전통 케이크로, 타르트처럼 가장자리가 주름진 틀에 케이크 반죽을 부어
굽고, 젤리와 다양한 과일을 채워 완성합니다. 명절이나 가족이 모이는 자리에서 여럿이 함께 나눠 먹는
이 디저트는 제철 과일을 올려 변화를 줄 수 있는데, 늦여름 천도복숭아에는 부드럽고 향긋한 캐모마일 가나슈 몽테를
매치했으니 다른 과일로도 다양하게 응용해보세요.

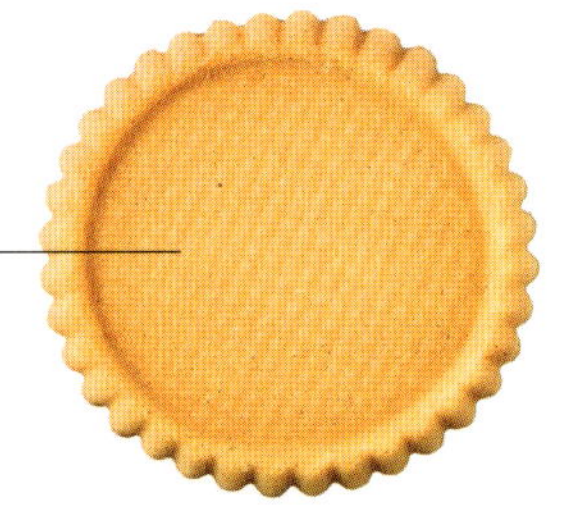

토르테

- 달걀 90g
- 설탕 60g
- 바닐라 설탕 1.5g
- 소금 0.5g
- 박력분 50g
- 베이킹파우더 0.5g
- 녹인 버터 45g
- 버터(굽기용) 약간
- 밀가루(굽기용) 약간

캐모마일 가나슈 몽테

- 캐모마일 찻잎 3g
- 뜨거운 물 13g
- 화이트초콜릿 46g
- 아카시아꿀 11g
- 생크림A 53g
- 차가운 생크림B 163g

이 크림을 활용해도 좋아요!

- 바닐라 가나슈 몽테(70쪽)
- 올리브 가나슈 몽테(71쪽)
- 라벤더 가나슈 몽테(72쪽)
- 코코넛 가나슈 몽테(75쪽)
- 감귤 가향 홍차
  가나슈 몽테(241쪽)

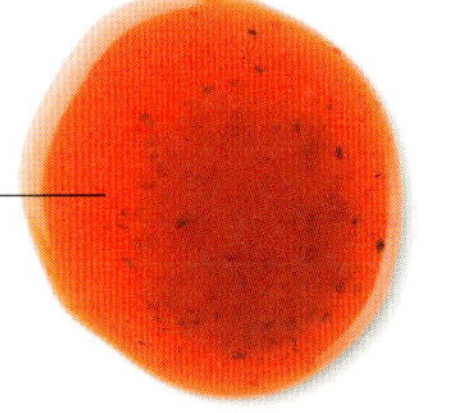

딸기 오렌지 즐레

- 딸기 퓌레 80g
- 오렌지즙 24g
  (또는 감귤 주스)
- 설탕 22g
- 젤라틴매스 13g
  * 만들기 83쪽

토핑

- 천도복숭아 3개
- 식용 광택제 약간
  (미로와, 나파주 등)

소요 시간	/	약 2시간(+ 크림 냉장 휴지 12시간)
분량	/	지름 18cm 토르테팬 2개 분량
작업 순서	/	토르테 반죽하기 · 굽기 → 크림 만들기(캐모마일 가나슈 몽테) → 딸기 오렌지 즐레 만들기 → 1차 조합하기 → 과일 손질 → 크림 휘핑하기 → 2차 조합하기

토르테

1

완성된 케이크가 잘 분리되도록
토르테팬 안쪽에 버터(약간)를 꼼꼼히
바르고 밀가루(약간)를 체에 쳐 얇게
뿌려둔다. 반죽을 팬닝하기 전까지
냉동 보관한다.

✳ 버터, 밀가루를 바른 팬을 냉동하면
단단한 이형층이 형성되어 구운 후
토르테가 팬에서 쉽게 분리된다.

2

볼에 달걀, 설탕, 바닐라 설탕, 소금을
넣고 핸드믹서 중속으로 휘핑한다.
반죽을 들어올려 떨어뜨렸을 때 층층이
쌓여 서서히 퍼지는 정도가 되면 저속으로
휘핑해 기포를 정리하고 마무리한다.

✳ 이 단계를 시작하기 전에 오븐을
150℃로 예열한다.

3

함께 체 친 박력분, 베이킹파우더를
넣고 주걱으로 가볍게 섞는다.

✳ 뭉친 날가루가 잘 풀리지 않으면
거품기로 가볍게 섞어도 좋다.

녹인 버터를 한 번에 넣고
주걱으로 빠르게 섞어
토르테 반죽을 완성한다.
＊ 반죽에 섞을 때 버터의 온도는
50℃ 이상이 적합하다.

토르테팬에 120g씩 팬닝한다.

150℃로 예열한 컨벡션오븐에
15분간 굽는다. 오븐에서 꺼내
팬을 살짝 내려쳐 바닥면에 충격을 주고
바로 틀에서 분리한다.
＊ 위아랫면의 구움색은 사진을 참고한다.
＊ 팬과 맞닿아 있던 부분이 윗면이니 모양이
상하지 않도록 식힘망에 올릴 때 주의한다.

비닐에 담아 밀봉한 후
12시간 냉장 숙성시킨다.
＊ 토르테는 결이 매우 부드럽기 때문에
랩을 밀착해 붙이면 모양이 망가질 수
있어 비닐에 조심스럽게 담아 밀봉한다.

캐모마일 가나슈 몽테 냉장 보관 2일

8

캐모마일 찻잎에 뜨거운 물을 붓고
뚜껑을 덮어 10분간 불린다.
냄비에 불린 캐모마일 찻잎과
생크림A(53g)을 넣고 약한 불에서
끓어오를 때까지 가열한 후 뚜껑을
덮고 30분 이상 향을 우려낸다.

9

⑧을 고운체에 거르고
찻잎에 남은 생크림을
주걱으로 눌러 짜낸다.

10

⑨의 생크림이 담긴 볼에
화이트초콜릿, 아카시아꿀을 넣고
중탕하거나 전자레인지에
20~30초씩 끊어가며 데워
초콜릿을 녹인 후 잘 섞는다.

11

차가운 생크림B(163g)를
조금씩 넣어가며 섞는다.

12

핸드블렌더로 유화한 후
랩을 씌우고 냉장실에 넣어
12시간 이상 휴지시킨다.

딸기 오렌지 즐레

Gelée

＊ 즐레

액체를 젤라틴이나 펙틴으로
굳혀 젤리처럼 만든 것

13

냄비에 딸기 퓌레와 오렌지즙,
설탕을 넣고 약한 불에서
60℃가 될 때까지 가열한다.

14

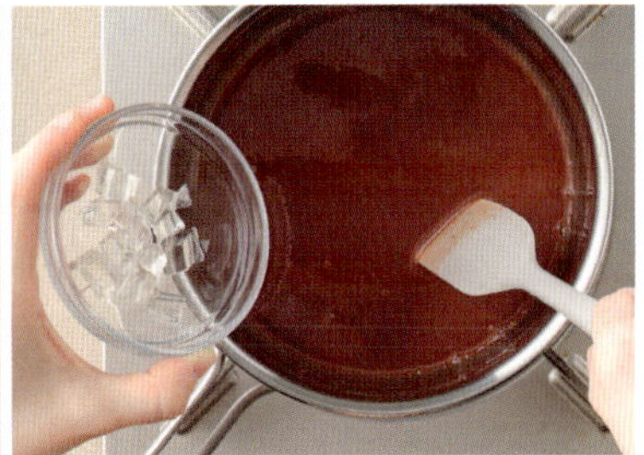

젤라틴매스를 넣어 섞고 한 김 식힌다.
＊ 딸기 퓌레에 시트러스 종류의 과즙을
섞으면 상큼한 맛을 더할 수 있다.

1차 조합

15

토르테 윗면의 움푹 들어간 공간에
딸기 오렌지 즐레를 평평하게 올린 후
냉장실에 넣어 60분간 차게 굳힌다.
* 토르테가 마르지 않도록
큰 밀폐 용기에 넣은 후 냉장한다.

과일 손질

16

천도복숭아 과육을 과도로 잘라 준비한다.
* 날이 잘 드는 과도를 복숭아에 브이(V)자로 넣어 예쁘게 잘라낸다.
한 번 자른 곳에 계속 이어서 칼질을 하기 보다는
조금 옆으로 옮겨 다시 브이자로 칼집 넣기를 이어나가면
균일한 형태의 과일 장식을 만들 수 있다.
* 딸기 오렌지 즐레를 굳히는 동안 변색되거나
단면이 마르지 않도록 밀봉해둔다.

2차 조합

17

캐모마일 가나슈 몽테를 핸드믹서
저속으로 살짝 단단해지도록
휘핑해 시폰 깍지를 끼운
짤주머니에 채운다.
* 사용한 깍지의
제품 번호는 686번이다.

18

토르테 가장자리에 캐모마일
가나슈 몽테를 짜서 장식한다.
✱ 짤주머니 끝을 바깥에서
안쪽을 향해 당기듯이 짜면
보다 예쁘게 완성할 수 있다.

19

손질해둔 천도복숭아에 식용 광택제를
붓으로 얇게 바른 후 토르테에 올린다.
✱ 과일을 모두 올린 후
허브잎으로 장식해도 좋다.

바닐라 버터 시폰케이크

with 바닐라 가나슈 몽테, 바닐라 크렘 샹티이, 크렘 디플로매트 마일드

시폰케이크는 일반적으로 식물성 오일을 사용해 반죽하지만 녹인 버터를 넣어 만들면 가벼우면서도 탄력 있는
식감으로 완성됩니다. 이렇게 만든 촉촉한 바닐라 버터 시폰케이크에 다양한 밀도와 텍스처의 바닐라 크림을
여러 겹으로 쌓아 진한 바닐라의 향을 누구나 부담 없이 즐길 수 있도록 레시피를 구성했습니다.

바닐라 버터 시폰케이크
- 달걀노른자 45g
- 설탕A 15g
- 바닐라빈 씨 1/3개 분량
- 버터 40g
- 우유 40g
- 박력분 60g
- 베이킹파우더 2g
- 달걀흰자 95g
- 설탕B 45g
- 난백파우더 1g(또는 레몬즙 3g)

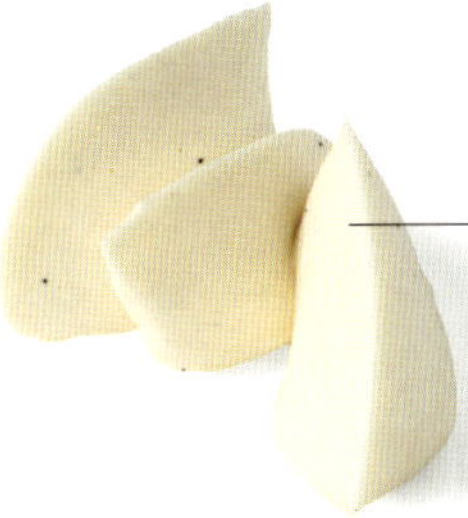

바닐라 가나슈 몽테
- 화이트초콜릿 48g
- 생크림A 40g
- 바닐라빈 1/4개
- 젤라틴매스 7g
  ⋆ 만들기 83쪽
- 차가운 UHT크림B 110g
  (또는 일반 생크림)
- 바닐라 익스트랙 3g

이 크림을 활용해도 좋아요!
- 캐모마일 가나슈 몽테(70쪽)
- 라벤더 가나슈 몽테(72쪽)
- 통카빈 가나슈 몽테(78쪽)

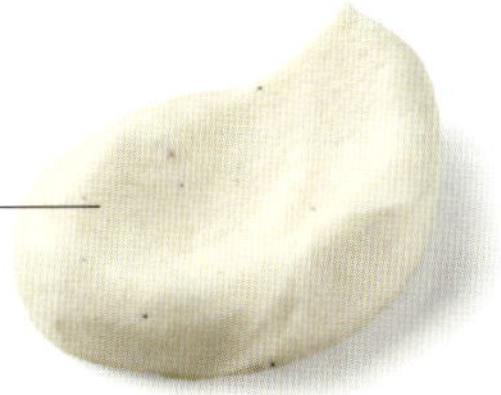

바닐라 크렘 샹티이
- 생크림 123g
- 설탕 10g
- 바닐라 설탕 1g(또는 설탕)
- 바닐라 익스트랙 3g

이 크림을 활용해도 좋아요!
- 크림치즈 크렘 샹티이(22쪽)
- 쑥 크렘 샹티이(36쪽)
- 흑임자 크렘 샹티이(36쪽)
- 말차 크렘 샹티이(37쪽)

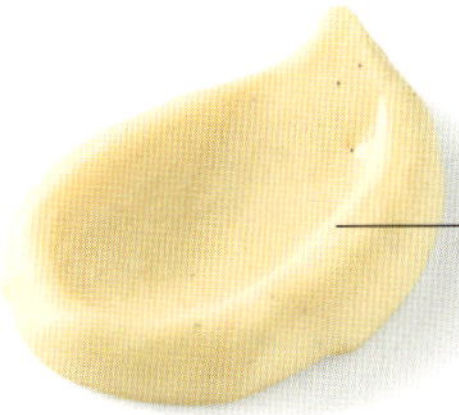

크렘 디플로매트 마일드
- 크렘 파티시에르 96g
  ⋆ 만들기 42쪽
- 바닐라 크렘 샹티이 32g

소요 시간 / 약 2시간 20분(+ 케이크 냉장 숙성 12시간, 크림 냉장 휴지 총 13시간)
분량 / 지름 15cm 시폰케이크 1개 / 조각 6개 분량
작업 순서 / 바닐라 버터 시폰케이크 반죽하기 · 굽기 → 크림 만들기(바닐라 가나슈 몽테 · 바닐라 크렘 샹티이 · 크렘 디플로매트 마일드) → 크림 휘핑하기(바닐라 가나슈 몽테) → 조합하기

바닐라 버터 시폰케이크

1

볼에 달걀노른자, 설탕A(15g),
바닐라빈 씨를 넣고
핸드믹서 중속으로 설탕이 거의
다 녹을 때까지 휘핑한다.
＊ 이 단계를 시작하기 전에
오븐을 150℃로 예열한다.

2

다른 볼에 버터, 우유를 넣고 중탕하거나
전자레인지에 20~30초간 끊어가며
데워 온도를 50℃ 이상으로 올린다.
①에 넣고 섞은 후 함께 체 친 박력분,
베이킹파우더를 넣고 거품기로 덩어리
없이 섞는다.

3

다른 볼에 달걀흰자를 넣고 핸드믹서 중속으로 휘핑한다.
전체적으로 거품이 일면 계속 휘핑하면서 설탕B(45g), 난백파우더 섞은 것을
3번에 나눠 넣으면서 뿔이 살짝 휘는 탄력 있는 머랭을 만든다.
＊ 난백파우더를 사용한 머랭은 탄력을 더 오래 유지하므로 설탕만 사용한 머랭보다
조금 더 단단하게 휘핑해도 쉽게 거칠어지지 않는다. 수분과 만나면 뭉쳐서
잘 풀어지지 않는 특성이 있어 설탕과 잘 섞은 후 머랭에 섞는다.
＊ 난백파우더 대신 레몬즙을 사용할 경우, 설탕을 넣기 직전에 레몬즙을 넣고 섞는다.

4

②의 반죽에 ③의 머랭을 2번 나누어
넣어가며 가볍게 섞는다.
✻ 머랭을 처음 넣을 때는
거품기로 고르게 섞이게 하고,
두 번째 넣은 후에는
주걱으로 빠르게 섞어 마무리한다.

5

시폰케이크팬에 반죽을 팬닝한다.
✻ 팬닝하기 전 팬에 물 또는
이형제를 바르지 않아도
구운 후 쉽게 분리할 수 있다.

6

꼬챙이나 젓가락으로 반죽을
가볍게 저어 기포를 정리한다.
✻ 시폰케이크 반죽은 매우 예민하기
때문에 큰 기포를 정리하기 위해
바닥에 치는 과정은 생략한다.

바닐라 버터 시폰케이크

7

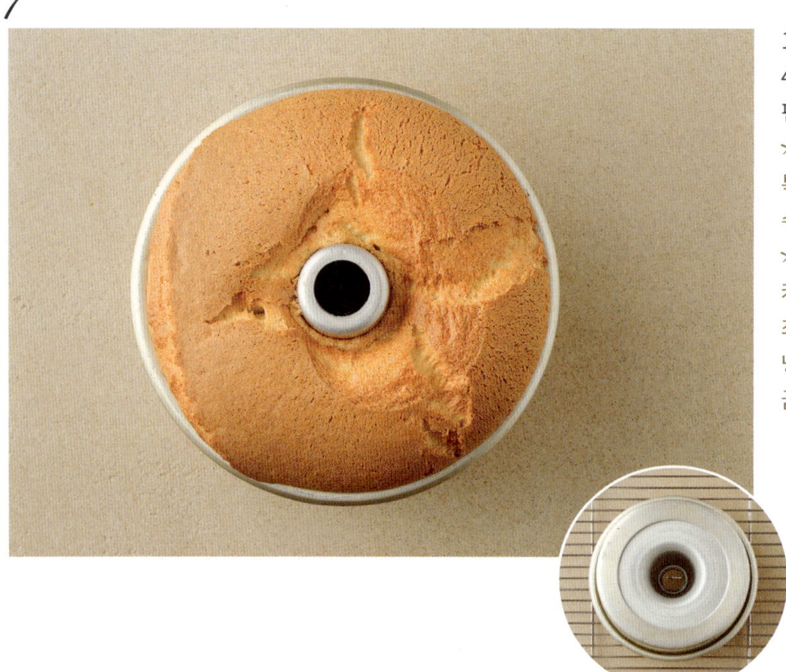

150°C로 예열한 컨벡션오븐에 40분간 굽는다. 오븐에서 꺼내 팬을 뒤집은 채로 차갑게 식힌다.
✳ 조직이 연하고 가벼운 시폰케이크의 특성상 바로 세워두고 식히면 주저앉을 수 있으니 반드시 뒤집어 식힌다.
✳ 팬에 온기가 남아 있을 때 케이크를 분리하면 찢어지기 쉬우므로 최대한 차게 식힌 후 30분간 냉동 보관해 케이크 옆면을 단단하게 굳힌 후 분리하는 게 안전하다.

8

폭이 좁은 칼로 시폰케이크와 팬이 맞닿은 부분을 도려내고 팬의 가운데 쪽은 양손으로 사방을 눌러 팬과 떨어지게 한다. 팬 바닥에 붙은 부분은 다시 칼을 슬근슬근 움직여 잘라내 케이크를 팬에서 분리한다.
✳ 시폰케이크 팬에서 케이크를 분리하는 용도로 나온 '시폰 나이프'를 사용해도 좋다.

9

표면이 마르지 않도록 비닐에 담아
밀봉한 후 12시간 이상 냉동 숙성시킨다.

10

냄비에 생크림A(40g), 바닐라빈을
넣고 약한 불에서 가장자리가
끓어오를 때까지 가열한다.
불을 끈 후 뚜껑을 덮고 30분간
그대로 두어 향을 우려낸다.
＊ 바닐라빈은 씨를 긁어 깍지와 함께
넣는다.

11

⑩을 체에 거른 후 화이트초콜릿,
젤라틴매스를 넣고 중탕하거나
전자레인지에 20~30초씩 끊어가며 데워
초콜릿을 녹인 후 잘 섞는다.

12

차가운 UHT크림B(110g)를 조금씩
넣어가며 섞고, 바닐라 익스트랙을
넣은 후 핸드블렌더로 유화시킨다.
랩을 씌우고 냉장실에 넣어 12시간
이상 휴지시킨다.
＊ 바닐라의 향이 입에 더 오래 남게
하기 위에 농도가 진한 UHT크림을
사용한다. 조금 더 가벼운 맛을
원한다면 국산 동물성 생크림으로
대체해도 좋다.

바닐라 크렘 샹티이

13

볼에 모든 재료를 넣고 핸드믹서
저속으로 크림에 거품기 자국이
생기는 부드러운 상태까지 휘핑한다.
크렘 디플로매트 마일드에 사용할
65g은 따로 덜어두고, 나머지는
지름 1cm 원형 깍지를 끼운
짤주머니에 담아 냉장 보관한다.

크렘 디플로매트 마일드   냉장 보관 12시간

14

볼에 크렘 파티시에를 넣고
주걱으로 매끄럽게 푼다.

15

바닐라 크렘 샹티이(65g)를 넣고
가볍게 섞은 후 지름 1cm
원형 깍지를 끼운 짤주머니에 채워
1시간 이상 냉장 보관한다.

마무리

16

바닐라 가나슈 몽테를 핸드믹서
저속으로 살짝 단단해지도록
휘핑해 시폰 깍지를 끼운
짤주머니에 채운다.

✽ 사용한 깍지의
제품 번호는 686번이다.

17

바닐라 버터 시폰케이크를 30분 실온에 꺼내두어 해동한다.
시폰케이크를 6등분한 후 조각을 세워 세로로 가운데 칼집을 넣는다.
✽ 완전히 잘리지 않도록 주의하면서 칼집을 80% 까지만 넣는다.

18

칼집을 벌려 ⑬의 바닐라 크렘
샹티이를 안쪽에 한 줄 짠 후
작은 스패튤러를 사용해 브이(V)자
형태로 펴 바른다.

19

바닐라 크렘 샹티이 사이에 ⑮의
크렘 디플로매트 마일드를 한 줄 짠다.
그 위에 다시 바닐라 크렘 샹티이를
조금 짜서 케이크 위로 올라오지 않게
스패튤러로 정리한다.

20

⑯의 바닐라 가나슈 몽테를 케이크
위쪽에 엇갈려가며 짜 완성한다.
＊ 바닐라빈, 바닐라빈 파우더,
금박 등을 활용해 장식해도 좋다.

타르트 타탕 with 무화과잎 가나슈 몽테, 사워 크렘 샹티이

사과를 설탕과 버터로 진하게 캐러멜라이즈해 만드는 프랑스 디저트 타르트 타탕^{Tarte Tatin}을 플레이트 디저트로 재해석한
메뉴입니다. 사과 조림은 젤리처럼 굳혀 탱글하면서도 단정한 모양으로, 모양이 잡힌 타르트 셀이 아닌 식감이 살아
있는 크럼블로 변행했고, 많은 분들에게 낯선 재료일 수 있는 무화과잎의 향긋함을 크림에 부드럽게 녹여보았습니다.

사과 조림

- 사과 300g
- 설탕A 90g
- 물 30g
- 버터 30g
- 바닐라빈 1/4개
- 설탕B 15g
- NH펙틴 2g
  * 32쪽 참고
- 젤라틴매스 13g
  * 만들기 83쪽

크리스피 크럼블

- 박력분 20g
- 아몬드가루 20g
- 버터 20g
- 라이트 머스코바도 20g
- 호두 분태 17g
- 소금 0.4g

무화과잎 가나슈 몽테

- 생크림A 50g
- 건조 무화과잎 1.5g
- 바닐라빈 1/6개
- 화이트초콜릿 37
- 젤라틴매스 5g
  * 만들기 83쪽
- 차가운 생크림B 80g
- 꿀 5g

이 크림을 활용해도 좋아요!

- 캐러멜 크렘 파티시에르(49쪽)
- 캐모마일 가나슈 몽테(70쪽)
- 칼바도스 가나슈 몽테(74쪽)
- 크렘 디플로매트 인텐스(241쪽)

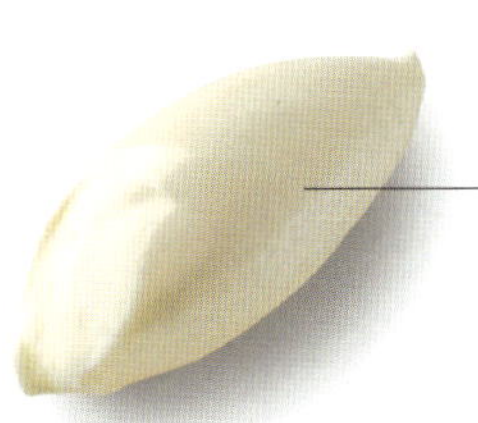

사워 크렘 샹티이

- 생크림 68g
- 사워크림 32g
- 마스카포네치즈 12g
- 설탕 10g

이 크림을 활용해도 좋아요!

- 마스카포네 크렘 샹티이(22쪽)
- 프로마주블랑 크렘 샹티이(24쪽)

장식

- 옥살리스잎 약간(생략 가능)

소요 시간	/	약 1시간 40분(+ 크럼블 냉동 휴지 24시간, 크림 냉장 휴지 12시간, 사과 조림 굳히기 6시간)
분량	/	지름 6.7cm, 높이 1.5cm 원형 실리콘몰드 5개 분량
작업 순서	/	크리스피 크럼블 반죽하기 → 크림 만들기(무화과잎 가나슈 몽테)
		→ 사과 조림 만들기 → 크리스피 크럼블 굽기 → 크림 만들기(사워 크렘 샹티이)
		→ 크림 휘핑하기(무화과잎 가나슈 몽테) → 조합하기 · 접시에 담기

크리스피 크럼블 반죽하기　냉동 보관 7일

1

푸드프로세서에 호두 분태를
제외한 모든 재료를 넣고
입자가 작은 덩어리가 될 때까지
짧게 끊어가며 간다.

2

호두 분태를 넣어 섞고 트레이에
넓게 펼쳐 24시간 냉동 휴지시킨다.
✻ 굽기 전·후 모두 단단히 밀봉하면
일주일간 냉동 보관할 수 있다.

무화과잎 가나슈 몽테　냉장 보관 2일

3

냄비에 생크림A(50g),
건조 무화과잎을 넣고 약한 불에서
가장자리가 살짝 끓어오를 때까지
가열한다. 불을 끈 후 30분간
그대로 두어 향을 우려낸다.
✻ 생무화과잎을 사용한다면
세척 후 물기를 제거하고
100℃로 예열한 오븐에서
20~30분간 바짝 말려 사용한다.

4

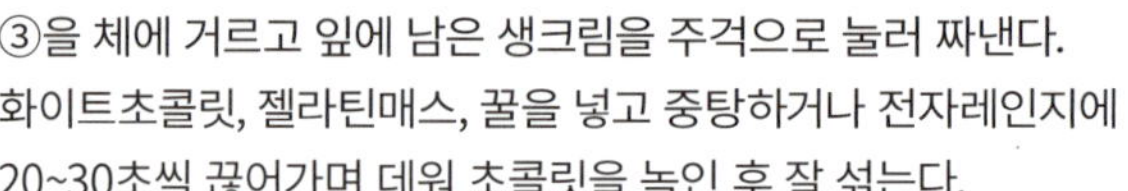

③을 체에 거르고 잎에 남은 생크림을 주걱으로 눌러 짜낸다.
화이트초콜릿, 젤라틴매스, 꿀을 넣고 중탕하거나 전자레인지에
20~30초씩 끊어가며 데워 초콜릿을 녹인 후 잘 섞는다.

5

차가운 생크림B(80g)를 조금씩 넣어가며 섞고,
핸드블렌더로 유화한 후 랩을 씌우고 냉장실에 넣어
12시간 이상 휴지시킨다

6

사과는 껍질을 벗기고 사방 1cm로 자른다.
＊ 껍질과 씨를 제거하고 약 250g 사용한다.
＊ 사과는 신맛이 있고 단단한 홍옥, 감홍,
시나노골드 등의 품종을 사용한다.
푸석하게 부서지는 사과는 볶을 때 형태가
유지되지 않아 적합하지 않다.

7

냄비에 물, 설탕A(54g)를 넣고
약한 불에서 가열한다.
온도가 약 180℃까지 오르고,
전체적으로 붉은 갈색이 돌면서
캐러멜라이즈되면 불을 끄고
버터를 넣고 섞는다.

⑥의 사과, 바닐라빈을 넣고
주걱으로 저어가며
중간 불로 가열한다.
＊ 바닐라빈은 씨를 긁어
깍지와 함께 넣는다.

사과가 조려지고 캐러멜 시럽이 자작하게 졸아들면
설탕B(26g), NH펙틴을 넣고 섞는다.
＊ 설탕, NH펙틴은 미리 잘 섞어둔다.

3~4분간 더 조린 후 불을 끄고
한 김 식힌다. 온도가 60℃ 이하로
내려가면 젤라틴매스를 넣고
녹여가며 섞는다.

11

실리콘몰드에 40g씩 빈틈없이 채워
냉동실에서 6시간 이상
단단하게 굳힌다.
＊ 실리코마트 KIT TARTE RING
(지름 8cm)에 포함된 SF243 몰드를
사용했다.

크리스피 크럼블 굽기

12

오븐팬에 ②의 크리스피 크럼블
반죽을 팬닝하고 140℃로 예열한
컨벡션오븐에서 15~18분간
먹음직스러운 갈색이 돌도록
구운 후 완전히 식힌다.
＊ 이 단계를 시작하기 20분 전에
오븐을 150℃로 예열한다.

사워 크렘 샹티이   마무리

13

볼에 모든 재료를 넣고 고루 섞는다.
핸드믹서 저속으로 크림에
거품기 자국이 생기는 부드러운
상태까지 휘핑한다.

14

⑤의 무화과잎 가나슈 몽테를
핸드믹서 저속으로
살짝 단단해지도록 휘핑한다.

15

접시 위에 크리스피 크럼블을 올린다.
사과 조림을 실리콘몰드에서 분리해
크럼블 위에 올린다.

16

스푼으로 휘핑한 무화과잎 가나슈
몽테, 사워 크렘 샹티이 두 종류를
커넬 형태로 떠 접시와 사과 조림
위에 올린다. 옥살리스잎으로 장식해
완성한다.

Quenelle
✳ 커넬 형태 만들기

커넬이란 크림이나 아이스크림, 무스 등을 스푼으로 떠서 타원형으로 만드는 장식 기법이다.
프랑스식 디저트 플레이팅에 보편적으로 쓰이며 매끄러운 크림의 질감을 드러낼 수 있다.

1 볼 한쪽에 휘핑한 크림을 넓게 펼친다.
✳ 최대한 빈 공간이 없도록 크림을 주걱으로
2~3번 훑었다가 펼치기를 반복한다.

2 길쭉한 스푼을 뜨거운 물에 담가 데운 후 물기를 닦는다.
스푼 뒷면이 보이도록 뒤집어 크림에 1/3정도 담근 후
그대로 스푼을 앞으로 민다.

3 크림을 스푼에 댄 채로 180° 돌려 크림을 앞으로 당기면서
타원 모양을 잡는다.
✳ 스푼을 크림에 댄 후의 과정이 재빠르게 진행되어야 한다.
숙련이 필요한 고급 기술로 커넬 모양의 실리콘몰드에
크림을 채워 얼린 후 사용하거나, 짤주머니에 크림을 담아
짜는 방법으로 대체해도 좋다.

트리플 쇼콜라 with 얼그레이 가나슈 몽테

그 자체로도 완벽하지만 다른 재료와 어우러질 때 매력이
더욱 돋보이는 초콜릿. 초콜릿의 맛을 각각 다른 성격의 레이어로 완성해
밀도 높게 즐길 수 있는 메뉴로 완성했습니다. 유자, 얼그레이는
초콜릿과 매우 잘 어울리는 재료로, 특히 다크초콜릿과 밀크초콜릿을
적당한 비율로 섞으면 완벽한 밸런스로 표현할 수 있어요.

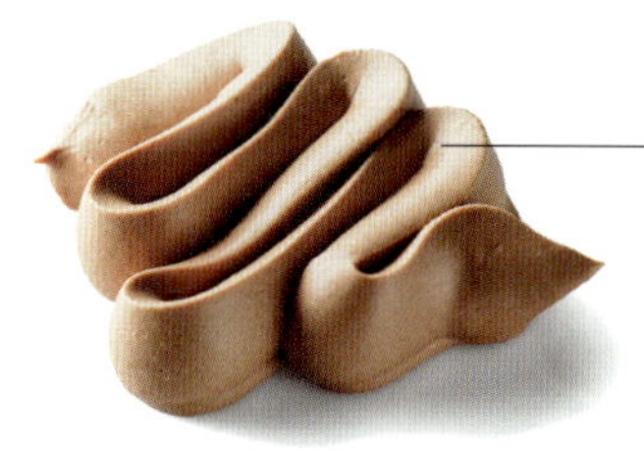

쇼콜라 케이크

- 다크초콜릿 72g
- 생크림 36g
- 버터 22g
- 달걀노른자 34g
- 설탕A 15g
- 달걀흰자 72g
- 설탕B 38g
- 박력분 14g
- 아몬드가루 12g
  (또는 헤이즐넛가루)
- 코코아파우더 18g

얼그레이 가나슈 몽테

- 얼그레이 찻잎 4g
- 뜨거운 물 15g
- 생크림A 40g
- 밀크초콜릿 35g
- 다크초콜릿 12g
- 젤라틴매스 5g
  * 만들기 83쪽
- 차가운 UHT크림B 75g

이 크림을 활용해도 좋아요!

- 말차 크렘 샹티이(37쪽)
- 진저 오렌지 가나슈 몽테(77쪽)
- 다크초콜릿 가나슈 몽테 인텐스(77쪽)
- 메밀 가나슈 몽테(78쪽)

유자 나멜라카

- 우유 40g
- 아카시아꿀 5g(또는 트리몰린)
- 다크초콜릿 15g
- 밀크초콜릿 48g
- 젤라틴매스 9g
  * 만들기 83쪽
- 차가운 생크림 74g
- 유자 퓌레 14g

장식

- 체리 8개
- 식용 광택제 약간
  (미로와, 나파주 등)

소요 시간	약 2시간 15분(+ 크림 냉장 휴지 12시간, 나멜라카 냉장 휴지 6시간, 케이크 냉장 숙성 12시간)
분량	플레이트 4개 분량
작업 순서	크림 만들기(얼그레이 가나슈 몽테) → 유자 나멜라카 만들기 → 쇼콜라 케이크 반죽하기 · 굽기 → 크림 휘핑하기(얼그레이 가나슈 몽테) → 조합하기 · 접시에 담기

얼그레이 가나슈 몽테 냉장 보관 2일

1

얼그레이 찻잎에 뜨거운 물을 붓고
뚜껑을 덮어 10분간 불린다.

2

냄비에 불린 얼그레이 찻잎과
생크림A(40g)를 넣고 약한 불에서
가장자리가 끓을 때까지 가열한 후
뚜껑을 덮고 30분 이상 향을 우려낸다.

3

②를 고운체에 거르고 찻잎에 남은
생크림을 주걱으로 눌러 짜낸다.

4

③의 생크림이 담긴 볼에 다크초콜릿,
밀크초콜릿, 젤라틴매스를
넣고 중탕하거나 전자레인지에
20~30초씩 끊어가며 데워
초콜릿을 녹인 후 잘 섞는다.

5

차가운 UHT크림B(75g)를 조금씩
넣어가며 섞는다.
✳ 고형분 함량이 높은 다크초콜릿을
사용하는 크림에는 맛과 질감의
안정성을 위해 UHT크림을 추천한다.

6

핸드블렌더로 유화한 후
랩을 씌우고 냉장실에 넣어
12시간 이상 휴지시킨다.

유자 나멜라카 냉장 보관 2일

Namelaka
* 나멜라카

초콜릿에 우유, 생크림,
젤라틴을 더해 만든 크림으로
'매끄러움'이라는 뜻의 일본어
'なめらか(나메라카)'에서
비롯된 용어다. 젤라틴으로
구조를 잡고 우유로 부드러움을
더해 가나슈보다 가벼우면서
크림보다 밀도 있는 질감이
특징이다.

7

볼에 우유, 아카시아꿀을 넣고
중탕하거나 전자레인지에 20~30초씩
끊어가며 데워 온도를 60°C로 올린다.
* 향이 부드럽고 은은한 아카시아꿀을
사용한다.

8

다크초콜릿, 밀크초콜릿,
젤라틴매스를 넣고
녹여가며 섞는다.

9

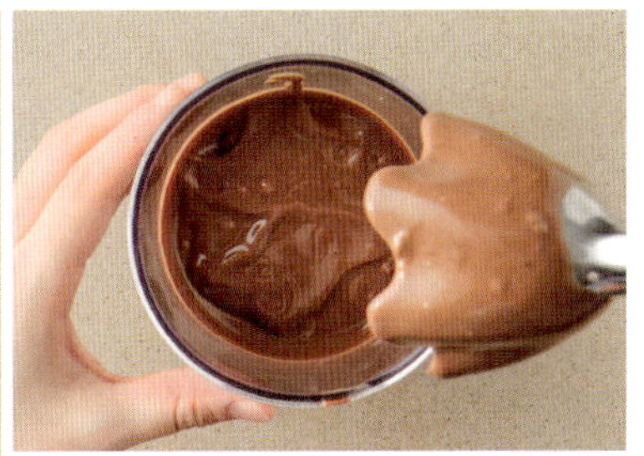

차가운 생크림, 유자 퓌레를 순서대로
넣고 핸드블렌더로 유화한다.
냉장실에서 6시간 이상 휴지시킨다.

쇼콜라 케이크

10

볼에 다크초콜릿, 생크림, 버터를
넣고 중탕하거나 전자레인지에
20~30초씩 끊어가며 데운다.
초콜릿을 완전히 녹인 후 잘 섞는다.
＊ 이 단계를 시작하기 10분 전에
오븐을 150°C로 예열한다.

11

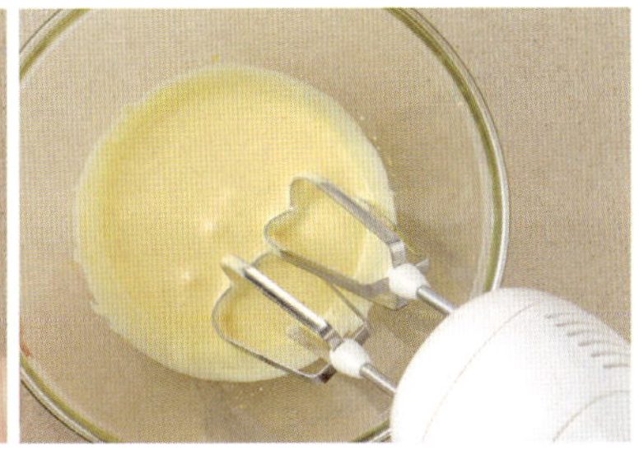

다른 볼에 달걀노른자, 설탕(15g)을
넣고 핸드믹서 중속으로 설탕이
90% 이상 녹고 전체적으로 밝은
연노란색이 될 때까지 휘핑한다.

쇼콜라 케이크

12

⑪의 달걀노른자에 ⑩의
초콜릿 혼합물을 넣고 섞는다.
＊ 초콜릿 반죽은 머랭과 섞기 전
굳지 않도록 따뜻하게 보관한다.

13

또 다른 볼에 흰자, 설탕(38g)을 넣고
핸드믹서 중속으로 뿔이 살짝 휘는
탄력 있는 머랭을 만든다.

14

초콜릿 반죽에 머랭의 절반을 넣어 가볍게 섞고,
함께 체 친 박력분, 아몬드가루, 코코아파우더를 넣고 주걱으로 섞는다.

15

나머지 머랭을 넣고 섞어
반죽을 완성한다.

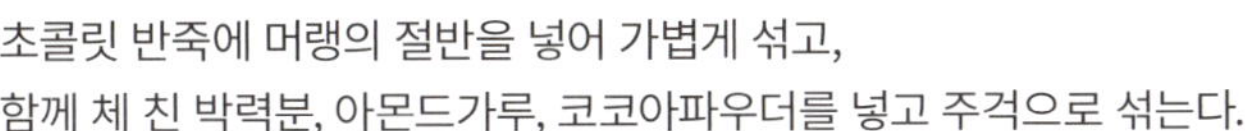

마무리

16

18×12×5cm 직사각형 무스링의
옆면, 바닥면에 유산지를 깔고,
오븐팬에 올린 후 반죽을 팬닝한다.
오븐팬을 잡고 바닥에 2~3회 가볍게
내려쳐서 큰 기포를 정리한다.
＊ 유산지와 무스링 사이에 반죽을
살짝 발라 접착하면 오븐에서
바람에 유산지가 날려 케이크의 모양이
망가지는 것을 방지할 수 있다.

17

150℃로 예열한 컨벡션오븐에
약 25분간 구운 후 직사각형 무스링과
유산지를 벗겨내고 식힘망에 올려
차갑게 식힌다. 표면이 마르지 않도록
랩을 밀착시켜 덮고 밀폐 용기에 담아
12시간 냉장 숙성시킨다.

18

쇼콜라 케이크의 옆면을 모두
얇게 잘라 평평하게 만든다.
✴ 윗면이 평평하지 않으면
윗면도 함께 얇게 잘라 각을 맞춘다.

19

쇼콜라 케이크를 4.5cm 너비로
자른 후 밀폐 용기에 넣어 실온에 둔다.
✴ 냉기가 빠져 한결 부드럽게
즐길 수 있다.

20

체리를 반으로 잘라 씨를
빼낸다. 단면이 마르지 않도록
식용 광택제를 붓으로 얇게
발라둔다.

21

⑨의 유자 나멜라카를 주걱으로
부드럽게 풀어
지름 1cm 원형 깍지를 끼운
짤주머니에 채운다.

22

⑥의 얼그레이 가나슈 몽테를 핸드믹서
저속으로 살짝 단단해지도록
휘핑해 시폰 깍지를 끼운
짤주머니에 채운다.
✴ 사용한 깍지의
제품 번호는 686번이다.

23

접시 위에 두 조각을 서로 엇갈리게 담는다.
얼그레이 가나슈 몽테를 쇼콜라 케이크 2조각을 연결하듯
좌우로 이동하며 짠다.

24

유자 나멜라카를 케이크와
접시 위에 짜서 장식한다.
체리를 군데군데 올리고 완성한다.

파리지엥 타르트 with 감귤 가향 홍차 가나슈 몽테, 크렘 디플로매트 인텐스

디저트의 천국, 프랑스 파리에서는 레몬 커드를 채운 타르트를 즐겨 먹는데요, 하지만 간혹 레몬 커드에서 강한
비릿함을 느껴 섣불리 다가가지 못하는 분들을 위해 만든 메뉴입니다. 레몬의 산미는 마멀레이드로, 커드의 녹진한
느낌은 진한 크렘 디플로매트로 풀어내고, 감귤 가향 홍차를 우려 만든 가나슈 몽테로 향긋함을 더했습니다.

파트 아 퐁세

- 중력분 59g
- 버터 45g
- 설탕 4.5g
- 소금 1g
- 차가운 우유 14g
- 달걀노른자 3g

감귤 가향 홍차 가나슈 몽테

- 감귤 가향 홍차 찻잎 2.5g
- 뜨거운 물 12g
- 생크림A 29g
- 화이트초콜릿 38g
- 젤라틴매스 5g
  * 만들기 83쪽
- 꿀 3g
- 차가운 생크림B 78g

- 마스카포네 크렘 샹티이(22쪽)
- 바질 가나슈 몽테(70쪽)
- 레몬버베나 가나슈 몽테(72쪽)
- 유자 가나슈 몽테(73쪽)

크렘 디플로매트 인텐스

- 크렘 파티시에르 100g
  * 만들기 42쪽
- 젤라틴매스 9g
  * 만들기 83쪽
- 마스카포네치즈 40g
- 생크림 20g
- 설탕 7g

- 바닐라 크렘 샹티이(215쪽)

레몬 마멀레이드

- 레몬 껍질 1개 분량(20g)
- 설탕 100g
- 물 61g
- 레몬즙 33g
- 바닐라빈 1/4개

장식

- 레몬 마멀레이드 약간
- 레몬 껍질 약간

소요 시간 / 약 3시간 10분(+ 반죽 냉장 휴지 24시간, 성형 후 냉동실에서 굳히기 1시간, 크림 냉장 휴지 12시간)

분량 / 지름 7cm, 높이 2cm 타르트 5개 분량

작업 순서 / 파트 아 퐁세 반죽하기 → 크림 만들기(감귤 가향 홍차 가나슈 몽테)
→ 레몬 마멀레이드 만들기 → 파트 아 퐁세 굽기 → 크림 만들기(크렘 디플로매트 인텐스)
→ 크림 휘핑하기(감귤 가향 홍차 가나슈 몽테) → 조합하기

파트 아 퐁세 반죽

Pâte à foncer
✳ 파트 아 퐁세

타르트나 파이의 기본 반죽으로
사용되는 프랑스식 페이스트리 반죽.
달걀을 소량 사용해 형태 안정성이
좋아 파트 사블레Pâte sablée나
파트 브리제Pâte brisée보다 작업하기
쉬운 편이다.

1

볼에 버터, 중력분, 설탕, 소금을 넣고
1시간 이상 냉동실에 넣어둔다.

2

①의 재료를 푸드프로세서로 옮기고
입자가 4~5mm 크기의 작은 덩어리가
될 때까지 짧게 끊어가며 간다.
✳ 버터가 물러졌다면 달걀, 우유 등과
섞기 전 최소 30분 이상 냉동실에 보관해
다시 단단하게 굳힌다.

3

②를 다시 볼로 옮기고
달걀노른자, 차가운 우유 섞은 것을
조금씩 부어가며 섞는다.
✳ 달걀노른자는 소량이지만
풍미를 더하고, 반죽을 유연하게 해
구울 때 과하게 수축되지 않도록
돕는다.

4

가루에 전체적으로 수분이
흡수되고 사방 1cm 크기의 입자로
뭉쳐지면 비닐에 넣고 양손으로
눌러 한 덩어리로 만든다.

5

반죽을 비닐째로 얇게 펼쳐 밀봉한 후
24시간 냉장 휴지시킨다.

감귤 가향 홍차 가나슈 몽테 냉장 보관 2일

6

감귤 가향 홍차 찻잎에 뜨거운 물을
붓고 뚜껑을 덮어 10분간 불린다.
✴ 오설록의 '귤꽃향을 품은 우잣담'을
사용했다.

7

냄비에 불린 찻잎과 생크림A(29g)를
넣고 약한 불에서 가장자리가
끓을 때까지 가열한 후 뚜껑을 덮고
30분 이상 향을 우려낸다.

8

⑦의 생크림을 고운체에 거르고
찻잎에 남은 생크림을 주걱으로 눌러
짜낸다.

감귤 가향 홍차 가나슈 몽테

9

⑧의 생크림이 담긴 볼에
화이트초콜릿, 젤라틴매스, 꿀을
넣고 중탕하거나 전자레인지에
20~30초씩 끊어가며 데워
초콜릿을 녹인 후 잘 섞는다.

10

차가운 생크림B(78g)를
조금씩 넣어가며 섞는다.

11

핸드블렌더로 유화한 후
랩을 씌우고 냉장실에 넣어
12시간 이상 휴지시킨다.

레몬 마멀레이드   냉장 보관 30일

12

레몬의 위아래를 잘라낸 후
칼을 세워 슬근슬근 움직여
껍질과 과육을 분리한다.

13

잘라낸 껍질을 2mm 이하의 두께로
얇게 채 썬다.
✳ 껍질의 두께가 일정하면
전체 레몬 껍질의 익는 타이밍을
맞출 수 있어 고르게 조려진
마멀레이드를 완성할 수 있다.

14

냄비에 레몬 껍질, 찬물을 넣고
약한 불에서 가열한다. 기포가 조금
올라오는 정도가 되면 불을 끄고 물을
따라낸다. 이 과정을 2번 더 반복한다.
✳ 레몬 껍질의 향은 남기고 쓴맛을
제거하는 과정이다. 3번째 반복하면
레몬 껍질의 하얀 부분이 살짝
투명해진다. 센 불에서 바글바글
끓이듯 가열하면 향이 날아가고 식감이
나빠지니 반드시 약한 불로 가열한다.

15

냄비에 다시 레몬 껍질, 물(61g),
레몬즙, 설탕, 바닐라빈을 넣고
중간 불에서 가열한다.
레몬 껍질이 거의 투명해지고,
시럽이 레몬 껍질 위까지 졸아들면
불을 끄고 차게 식혀 냉장 보관한다.
✳ 너무 꾸덕해질 때까지 가열하면
설탕이 결정화되어 껍질의 식감이
단단해지므로 주의한다.
✳ 레몬 마멀레이드 대신 블루베리
카시스 콩피추르(142쪽)를 활용해도
색다른 맛으로 즐길 수 있다.
✳ 소량의 장식용 외 나머지는 잘게
잘라둔다.

16

파트 아 퐁세 반죽은 5등분한 후
두께 3mm의 원형으로 밀어 펴고,
성형 전까지 최소 30분 냉장 보관한다.
✽ 버터 함량이 높은 반죽이므로
체온이 닿아 녹아내리지 않도록
스크래퍼 등 도구를 활용하면 좋다.
✽ 분할한 반죽은 마르지 않도록
비닐에 싸서 냉장 보관하고 하나씩
꺼내 밀어 편다.

17

타르트틀에 빈틈없이 채워 넣고 옆면을 고정한 후,
바닥을 포크로 꼼꼼히 구멍을 낸다. 냉동실에서 1시간 이상 굳힌다.
✽ 지름 7cm의 타공 타르트링을 사용했다. 타공 타르트링은 옆면의 구멍을
통해 열과 수분이 고르게 전달되어 모든 면이 균일하게 구워진다.
수축과 들뜸을 줄여 형태가 흐트러지지 않고, 모서리의 각이 또렷한 타르트를
만드는 데 도움이 된다.

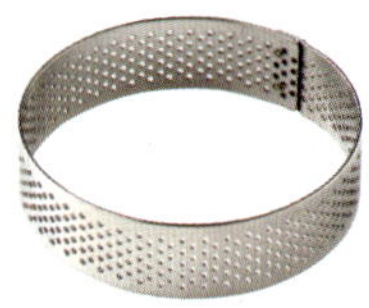

18

틀 위로 올라온 반죽을
깔끔하게 잘라낸다.
✳ 굽기 직전에 냉동실에서 꺼내야
구울 때 덜 수축되고 바삭한 식감이
살아난다.

19

반죽에 머핀용 베이킹컵을 얹고
누름돌을 올린다.
✳ 누름돌은 타르트링보다
높게 올라오도록 쌓는다.
✳ 이 단계를 시작하기 20분 전에
오븐을 190℃로 예열한다.

20

190℃로 예열한 컨벡션오븐에서
12~15분간 구운 후 누름돌을 올린
베이킹컵을 꺼내고 160℃로 낮춰
8~10분간 더 굽는다.

21

식힘망에 올려 완전히 식힌다.

크렘 디플로매트 인텐스 냉장 보관 12시간

22

볼에 크렘 파티시에르, 젤라틴매스를
넣고 중탕하거나 전자레인지에
10~15초씩 끊어가며 데워
젤라틴매스를 녹인 후 잘 섞는다.
✳ 젤라틴매스는 수분을 가두는 역할을
해서 크림에 섞으면 완성 후
타르트를 더 바삭하게 즐길 수 있다.

23

다른 볼에 마스카포네치즈, 생크림,
설탕을 넣고 핸드믹서 저속으로
뿔이 생길 만큼 단단하게 휘핑한다.
✳ 크림의 양이 많지 않으므로
거품기로 휘핑해도 좋다.

24

㉓을 ㉒에 넣고 섞어 크림을 완성한다.
지름 1.3cm 원형 깍지를 끼운
짤주머니에 채운다.
✳ 젤라틴매스가 들어가므로 1시간 냉장
휴지를 거치지 않아도 된다.

마무리

25

㉑의 파트 아 퐁세에 ㉔의
크렘 디플로매트 인텐스 30g을 살짝
오목한 형태로 채우고 냉장실에서
30분간 굳힌다.

26

⑪의 감귤 가향 홍차 가나슈 몽테를
핸드믹서 저속으로 살짝 단단해지도록
휘핑한다.

27

㉕의 오목한 부분에 ⑮의
레몬 마멀레이드를 13g 채우고, 단단히
휘핑한 감귤 가향 홍차 가나슈 몽테를
30g 올려 나이프를 사용해 반구 형태로
다듬는다. 레몬 마멀레이드로 장식해
완성한다.
＊ 쿠키 커터로 모양을 낸 레몬 껍질이나
금박으로 장식해도 좋다.

Cream Index 재료별(가나다 순)

〈 베이글 홀릭 〉
최재희 지음 / 172쪽

마니아를 위한 '홀릭 시리즈' 첫 탄, 베이글 전문가의 노하우 완벽 마스터

- ☑ 쫄깃한 클래식 베이글부터 겉바속촉 화덕 베이글, 몰랑쫀득 부드러운 베이글까지 응용 메뉴 17가지

- ☑ 수제 크림치즈, 초코 소스, 베이컨잼 등 베이글을 더 맛있게 즐길 수 있는 17가지 소스 & 스프레드 추천

- ☑ 스프레드와 속재료의 다양한 조합이 돋보이는 간식용 & 식사용 베이글 샌드위치 레시피 수록

- ☑ 베이글과 함께 먹기 좋은 수프, 딱딱한 베이글을 러스크나 크루통으로 변신시키는 활용법 소개

두 여성 셰프가 제안하는 스타일, 실용성 모두 갖춘 제철 재료 수프와 스튜

- ☑ 유럽 가정식 쿠킹 스튜디오 '디어버터'의 인기 강좌 '수프 & 스튜 클래스' 베스트 메뉴 47가지

- ☑ 부드러운 퓨레 수프, 식감 살린 청키 수프, 든든한 고기 스튜, 근사한 해산물 스튜 등 다양한 메뉴 소개

- ☑ 친절한 설명, 자세한 단계별 과정컷, 쿠킹노트 팁으로 수업에 참여하는 것 같은 생생한 레시피

- ☑ 수프 & 스튜의 차이점, 조리순서, 간과 농도 맞추기, 저자 추천 시판 재료 등 완성도 높이는 기초 이론

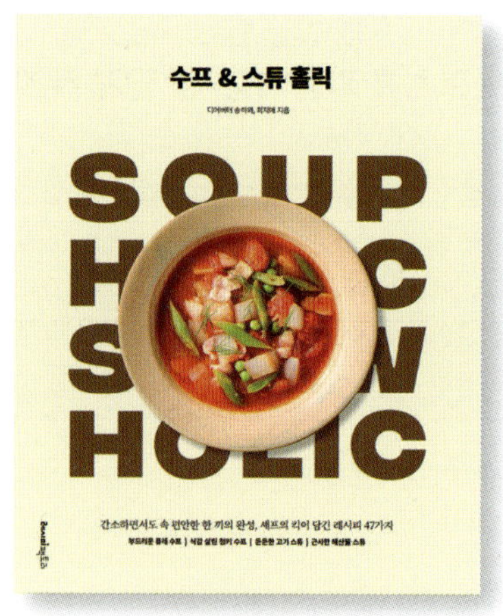

〈 수프 & 스튜 홀릭 〉
송하와 & 최지애 지음 / 240쪽

디저트를 빛나게 하는 완벽한 크림과
디저트 레시피

퍼펙트 크림 & 디저트

1판 1쇄 펴낸 날	2026년 2월 24일

편집장	김상애
책임편집	내도우리
디자인	원유경
사진	박형인(studio TOM)
기획 · 마케팅	엄지혜

편집주간	박성주
펴낸이	조준일

펴낸곳	(주)레시피팩토리
주소	서울특별시 용산구 한강대로 95 래미안용산더센트럴 A동 509호
대표번호	02-534-7011
팩스	02-6969-5100
홈페이지	www.recipefactory.co.kr
애독자 카페	cafe.naver.com/superecipe
출판신고	2009년 1월 28일 제25100-2009-000038호

제작 · 인쇄	(주)대한프린테크

값 30,000원

ISBN 979-11-92366-65-4